柴隆／著

宁波出版社
NINGBO PUBLISHING HOUSE

柴　隆 简介

时常关注宁波的人文历史，时常深入宁波市井生活，寻找城市历史的遗迹，这一切都源于对这座历史文化名城的深深热爱与眷恋！那斜阳西下的寻常旧巷，那沧桑厚重的人文气息，那浓郁的人间烟火味儿，都让他有了用文字描述的冲动……

作者热衷于宁波地方史志研究，致力于宁波传统文化的保护，为宁波市作家协会会员、宁波政协文史委特约文史研究员、中国民主建国会会员，对宁波地方民俗和传统文化有较深入的研究。参与撰写《十四个沿海城市开放纪实·宁波卷》《亲历浙东合作》《北仑足迹》等著作，在国家、省、市级刊物上发表文章近百篇，所涉领域较广，以记录宁波地方民俗文化见长。

想念宁波老味道

序言

宁波老味道，是我舌尖上最思念的味道。柴隆先生新著《宁波老味道》中以生花妙笔集中呈现的77道美味佳肴，是我脑海中寻找已久的珍宝。

我熟悉宁波菜，因为我妈妈是宁波人，虽然妈妈不太会烧菜，但是我外婆有一手高超的烹调技艺。小时候我特别爱去外婆家，很大的原因是想吃外婆做的菜，而外婆的宁波家常菜，就是柴隆先生笔下的宁波老味道。

《宁波老味道》分6辑共77篇文章，篇名直白，光读篇名，就让我口舌生津，不能自已。因为里面写到的那些除了我经常吃的、我会做的宁波菜之外，还有那么多传说中的宁波美味，那么多我小时候曾经在外婆家吃过、之后一直没有机会再次吃到的菜肴与点心。

我疯狂热爱宁波菜，只称得上是半个宁波人。柴隆不仅狂爱宁波菜，还研究、撰写了那么多有关宁波美食的文章，却只是老的“新宁波人”，嗯，听上去很拗口。简单说，柴隆原籍山东青岛，他出生在山东，9岁后随着父母南下宁波，在宁波读书、工作至今。几十年生活下来，柴隆的宁波话说得很溜，宁波菜烧得顺手，除了长相与性格还带有山东男人的豪爽、仗义之外，已经与宁波这地方浑然成一体，怪不得他在书中能将宁波老味道呈现得如此全面、丰富与立体。

柴隆的文字生动，善于讲故事。他在《笋脯花生》中形容我们熟知的“笋脯黄豆”升级版“笋脯花生”的好吃，说他小时候怎样在走过、路过妈妈晒花生的匾时，偷偷对笋脯花生动手脚，以至“那几天，肚子总是鼓鼓的”。他说自己炮制笋脯花生，先泡花生米，再“将笋丝加油、红糖、酱油和茴香桂皮，翻炒后添水，慢慢煨至锅将干，转成大火收汁，最后淋入一汤匙麻油”，寥寥几笔，过程要害都在里面，没有实践过的人不可能写出来。而烧制完后又是怎样晒和晾，直到“花生变得干瘪发皱，笋丝变成小条状，散发出浓郁的花生清香，忒有嚼头”。害我想将手伸入电脑那头，也去篮子里抓一把出来吃。

在书中，柴隆如数家珍，《红膏呛蟹》一文中，宁波人“从小吃红膏呛蟹长大，生来一副好脾胃，泥螺、海蜇、蚶子、蟹糊、醉虾……在宁波人的食单中，这些永远都是‘咸鲜’当头，亦是冷菜中的花魁，那咸鲜的本味，不管走多远，天南地北间闯荡的宁波人都会深深怀念”。没错，就说上海的宁波饭店，红膏呛蟹那令人窒息的鲜美总是惹人心醉，我常会为了此物去赴一场很远的饭局。我家冰箱冷冻格中如果还存有一两只红膏呛蟹，心里会泛起富足感，整个人都好了。

宁波女婿柴隆工作之余，还热衷于研究宁波地方史志，对地方民俗与饮食文化的研究也颇有所得。写宁波古镇前童的"三宝"时，讲史论经，带出石磨豆腐、油炸空心豆腐和古镇香干，详述"三宝"的宝在于黄豆粒小，水源洁净，工艺精致。当他不由自主交代出拿手菜——配以高山羊尾笋和自制咸肉炖制而成的"浓汤三宝"时，仿佛有一股鲜香味弥散在空气中。

抒情原本应该不是山东大汉的特长，也许是清新柔美的浙东山水改造了柴隆，他在写到食物与人情的关系时，深情款款。他对有一样我从没有听说过的"炒毛麸"是这样写的："大人用棉布缝成一个巴掌大小的白袋子，里面装有炒毛麸，再插上一节竹管……想吃时，就吸一吸竹管，有时还会被呛住。孩子们常一起玩耍，这时，一袋炒毛麸就成了小伙伴们的共享食品，也顾不得嗒嗒滴的口水，你吸一口，他吸一口……"什么玩意儿？看下去才明白是炒米粉，然而又不像我们小时候，买来面粉用铁锅炒，加点白糖和芝麻，而是先炒米再磨粉。那些久远的传统手工制作过程通过柴隆的笔端，忙碌的老人，馋嘴的"小花猫"，细细密密织就的场景让读者忍不住怀想联翩，润湿了眼眶。

有幸为《宁波老味道》写这篇小序，读着书稿，我想起三位我亲近的宁波女人，顺便记载下来：一位是我那终日劳碌在煤球炉子前，微驼着背的外婆，每每变戏法般端上一桌宁波"下饭"。另一位是我大姐的婆婆，“文革”期间我家里经济拮据，尚是少女的我整天饥肠辘辘，善良的“阿娘”在“灶披间”塞给我过很多美味。还有一位是我先生的妈妈，我嫁到他家，婆婆有很大的功劳，是她不惜工本“喂”了我许多佳肴！她又帮我喂大我的女儿，教会我很多买菜、烧菜的窍门。这三位宁波女人的共同优点一是疼爱孩子，二是烹调手艺精湛。不知柴隆先生以为然否？

官方评定的中国四大菜系中，宁波菜并没有一席之地，那又怎样？这根本无损宁波本地人的自尊心，也无损我们这些宁波菜铁杆粉丝一丝一毫。打开世界去看，关起大门来吃。下次去宁波，《宁波老味道》中石浦鱼糍面、敲骨浆、前童三宝等等你知我知他不知的美味，柴隆先生你一定得领我去吃啊……

孔明珠

于上海永福路寓所

2015年8月

（孔明珠，上海人，知名美食评论家，上海作家协会理事，中国作家协会会员。著有《孔娘子厨房》《上海闺秀》《七大姑八大姨》等作品。在《新闻晚报》《广州日报》《香港商报》《金色年代》等报刊开设“孔娘子”美食随笔专栏。）

重印前言

伊尹曾谓:“味之精微,口不能言也。”以文字述馔,体会亦不尽相同。

短短一年,《宁波老味道》首印5000册便告售罄,作为甬上第一本饮食文化小品,纸媒荒芜之时,尚能忝列于畅销书榜之上,高兴之余亦颇惶恐。如若读者尚觉可读,也是我最大的欣慰,更是感谢读者对小书的厚爱。

余生也晚,为甬城众多“馋痨虫”中的一个!深入市井街巷、孜孜不倦地寻找宁波老味道,是我人生的一大乐趣。可能某些闻见稍多一点,留下了一些雪泥鸿爪的记忆,所以决心动笔。而这一切都源于对宁波这座历史文化名城的深深热爱与眷恋!那斜阳西下的寻常旧巷,那沧桑厚重的人文气息,那浓郁的人间烟火气,都让我有了用文字描述的冲动……

当今的中国，城市与城市越来越相似，城市之间能被用来区分的，似乎只有弥漫在城市上空的味道。在浙东濡湿的空气中，在烟火缭绕的甬城里诞生的水磨年糕、宁波汤团、臭冬瓜、红膏呛蟹、黄泥螺、灰汁团……这些天生的宁波风物，都被我收录到这本书中。

在食物里看到人间，是我写《宁波老味道》的执着与坚守。立春吃荠菜春卷，原料是初春才有的荠菜和冬笋丝，一咬一个春天，如同身在旷野；闷热的三伏天里，幸好有加了薄荷水和糖桂花的地力糕与木莲冻，才有了难忘的消夏记忆；八月中秋金桂馥，供桌上必有一卷苔菜月饼隐藏在皎皎的月色中；铅云笼罩下的冬日，一碗暖手的浆板蛋花圆子，足以抵御江南那漫长而湿冷的寒冬。

在味道里体会人生，是我写《宁波老味道》的追寻与努力。弯月还在云间浮动，大饼油条的夫妻店里，白炽灯已投射出一片光晕；清晨，老墙门内的主妇晃晃悠悠下楼来到灶跟间，捅开封了一夜的煤球炉，给一家人放汤饭；宁波老太们手艺不老，将半截箬壳一横折，拿绳头打个活结，筐里就多了一只棱角分明的碱水粽；未来的丈母娘招呼毛脚女婿，不曾开口，先笑眯眯地捧来一碗冒热气的红糖长面，上面必定铺着两个溏心水铺蛋；旅居各地的游子和海外宁波帮，从口中三北藕丝糖的清甜里，回想起遍地稻浪和盐碱棉花田的故乡，猪油汤团烫嘴巴的童年，他们毕生难忘。

这些熟悉的宁波老味道，散落在不同的人生和生命印记里，记忆清晰可辨，魂牵梦萦。寒窗苦读之后的孤帆远别，身处异地而乡音难改、乡愁难遣；大富大贵后的衣锦还乡之日，心头舌尖依然念念不忘的故乡旧物，竟是一碗灰扑扑的臭冬瓜、两三颗黄泥螺！红尘已老，尘埃落定，而当年存储的宁波老味道，鲜美依然。

2016 年 12 月 8 日，我在宁波同心书画院收到一封特殊的“读者来信”。在信中她这样写道：

> 在苦难中找寻生机，在疑难中找到喜乐。宁波的城市精神是书藏古今、港通天下，于此宏远的蓝图之下，于宁波的寻常百姓纵有丰富的物质文化，仍需要更多精神上的食粮。
>
> 希望透过柴隆先生《宁波老味道》一书，能有来自于宁波家乡的祝福，也希望两岸能够于经济、贸易交流之余，在文化上能更多所互动……

原来，这位读者正是现任中国国民党主席洪秀柱。她祖籍宁波余姚，翻阅此书后，勾起她对宁波老味道的记忆。

这让我想起台北同乡会的宁波人，清明回乡探亲，偶然间看到《宁波老味道》，一下子找回了似曾相识的记忆，希望出版社能出繁体字版，方便身在台湾的宁波籍人士阅读的小插曲。一块溪口千层饼，是他们魂牵梦萦的故乡之味，是一串锁在他们心底里的思念……

家国情怀和远人幽思都未免虚妄，让人觉得切实活着的，不过是桌上的一块糕团、一碟菜、一碗羹。《宁波老味道》传递了一张城市饮食文化名片，一种市井记忆，一缕脉脉乡愁。

水磨年糕、宁波汤团、冰糖甲鱼、臭冬瓜、灰汁团、黄泥螺……

这林林总总、耳熟能详的宁波老味道，不仅珍藏着大量的个体记忆与情感，也承载着城市饮食文化的历史。一条东海野生大黄鱼，碰上邱隘的雪里蕻咸齑，如同天雷勾引地火，天造地设的一道“咸齑大汤黄鱼”捧出宁波味道的气场；龙凤金团是南宋高宗赵构御赐之物；定胜糕是百姓为岳家军出征鼓舞将士而特制的；就连那不起眼的麦饼，徐霞客吃过，方孝孺吃过，柔石也吃过，宁波人胸中的豪气，也如嚼着麦饼形成的肌肉疙瘩一般强硬，升腾出翻天覆地的英雄气概。

泱泱明州古城，底色深沉，暗藏着自己的纹路和脉络，沉淀其中的岁月和故事同样精彩绝伦，传承宁波历史文化的，不仅是天一阁、河姆渡，不仅 是“书藏古今，港通天下”，还包含着与我们生活相关的每一个细节，需要类似《宁波老味道》的市井多元文化来补充，去丰富。

从子城初建到宁波开埠，那些稍纵即逝的黯淡景致，如一轴展开的画卷，泛着陈旧的光影，在一年年的风吹雨打中，老味道依旧孜孜不倦地滋润着宁波百姓。一饮一啄，和每一个心灵一样，莫不被时代所裹挟。春生夏长，秋收冬藏，宁波老味道生生不息，固执得意味深长，玄妙得世代流传！

它们是那么的温暖！那么的亲切……

柴 隆

于宁波同心书画院

2016 年 12 月 12 日

目录

三、市井之味

四、怀旧之味

五、闲食之味

六、乡土之味

四时之味

春生夏长，秋收冬藏，宁波人的饮食规则，深谙时宜，顺应节令。所谓四时有序，八节长青，食材生生不息，烹法约定俗成，四时之味，于一箸一勺之中，固执得意味深长，玄妙得世代流传。

正月
水磨年糕

“晚稻成熟以后，就到了宁波人做年糕的时候了……”纪录片《舌尖上的中国》以温情脉脉的语调，缓缓地讲述水磨年糕的故事。几年前，看过这部温情的纪录片，无数人的味蕾在深夜被唤醒。每个人的舌尖上都有一个故乡，无数的宁波人从水磨年糕里，见到了故乡的风物。

初冬到来，收割完最后一茬晚稻，西北风渐起，农村进入了农闲季节，家家户户就忙着搡年糕了。在旧时，这是一年到头农村最热闹的时候，与盖房子、嫁娶一样，亦是要当作乡村的头等大事来操办。晚稻米在石臼中一次次被捶搡，造就了年糕的糯实，演化为世代相传的味道。

宁波人说做年糕，有个专用动词——“搡”，一概不说“做年

糕”,“搡年糕”才是行话。老底子,大户人家往往将“年糕班子”请到自家,搭起一个临时的场地,生火开灶搡年糕,一家老小,热热闹闹。浸米、磨粉、榨水、刨粉、蒸粉、搡捣、做坯……都有条不紊地进行着,往往要忙碌两三天,才算大功告成。

宁波的水稻一年分两季,早稻米胀性足,出饭量多,但论及口感,却远远不及晚稻米。20世纪五六十年代,宁波人推崇“梁湖米”年糕,认其为正宗,盖与晚稻米软滑的特质有关联。正宗宁波年糕,一定是用晚稻新米制成,如此这般,年糕才会“的滑”,不会“粉滋滋”的,而且久浸不坏。

水磨工艺使米浆更加细腻,手工搡捣会使年糕更富有韧性,这两个不可省略的环节,才是宁波年糕闻名于世的诀窍。难怪台

湾美食家唐鲁孙也直言:“谈到年糕,以浙江宁波的水磨年糕为首选!”他对宁波的水磨年糕,是倍加赞赏与推崇的。

熟米搡捣之后,石臼里就出现一大块火热的年糕团,这个时候,小孩子都赶来凑热闹,大人们摘下一团递来,嵌块豆酥糖,添勺雪菜肉丝,或甜或咸,或浓或淡,孩童们咬着年糕团,其乐融融。大人们则伏在案板上,忙着揉搓、拍拢,讲究一点的人家,还取出印糕板压年糕。色白如玉的年糕,出模之后像是一件艺术品,“福禄寿喜”的各色雕花图案更显喜庆。

年糕作为主食,制作时一般不放糖和盐,皆作淡口。在一日三餐中,宁波人对年糕的烹制,呈现出惊人的丰富性,可咸可甜,可蒸可煮,或汤或炒,令人眼花缭乱。世人皆云“南甜北咸”,但宁波人却吃得很咸，不似苏杭，很少有“桂花糖年糕”的吃法，偏爱咸食的较多。

宁波人吃年糕，花头多，样式也常翻新。从原始的“火缸煨年糕”到“咸齑冬笋年糕汤”，从“大头菜烤年糕”到“菠菜毛蟹炒年糕”，无固定的程式，时令菜蔬、海鲜皆可搭配，吃法屡见新奇与创新。

譬如在《舌尖上的中国》中，给了一盘“梭子蟹炒年糕”一个特写镜头。当梭子蟹贱到白菜价的时候，鲜到连味精都可以不放，用它炒年糕是广受街巷欢迎、又最具本土特色的。蟹块与年糕红白相间，点缀些姜丝和葱段，螃蟹与年糕的相逢，“目食”与口舌皆得，这是宁波人匠心独具的家常美味。宁波人饮食的巧致，在这盘“梭子蟹炒年糕”中发挥得淋漓尽致，一段水磨年糕的风雅，藏于市井生活中，体现在日常饮食里。

若说汤年糕，时令是特色。立冬前后，新年糕才入缸，瓮里的雪里蕻已腌透，微微泛着黄，山中的冬笋最珍贵。三样本地食材聚拢，“造”一碗“咸齑笋丝年糕汤”，舀起一勺汤，一口“酸汪汪”得透着鲜，算得上汤年糕里的至味。

或冬至前夜，巧妇们煮一大锅“大头菜烤年糕”，清晨早起后，阖家围拢吃“番薯汤果”和年糕，寓意来年日子过得“烘烘响”。冬至过后，霜打过的“塌棵菜”愈加鲜甜，用它和笋丝、肉丝煮年糕汤，也是一味市井冬鲜。立春刚过，油菜蕻、豌豆苗刚抽嫩芽，舀来一碗煮鸡鸭的脚水，切几片新风腊肉，造一碗汤年糕，亦能吃出早春的味道。

至若炒年糕，各类海陆食材，纷至沓来。寒冬里的“胶菜肉丝

炒年糕”，或添冬笋，或搁香菇，寻常百姓都会炒上一盘。正月里走亲戚，吃腻了鸡鸭鱼肉，倘若桌上来一大盘“荠菜笋丝炒年糕”，必大受欢迎，瞬间被抢光，用“马兰头”“草子”炒出的年糕，“灶君菩萨会来捞”，有一股不输“佛跳墙”的夸张。秋风起，金秋十月蟹正肥，毛蟹斩成块，加葱、姜、酱油、料酒酱爆，大火急灶，放入年糕混炒，起锅前加入刚上市的秋菠菜，红绿白三种颜色相间，一看这卖相，就叫人垂涎……

年糕作闲食，香脆的年糕干是代表，它大概可算江南一带最早的膨化食品。年糕做好后，要浸泡在水里保存，一下子吃不完，可切片晾干。烘年糕干是一味可口的闲食，用小火和粗盐一起在铁镬里炒，炒到两面焦黄，体积膨胀后出锅，晾凉后放入锡罐子里，只要不受潮,可以吃上很长一段日子。

很多人童年的记忆中,有“又怕又喜”的爆年糕片,“怕”的是爆年糕片的一声巨响,“喜”的是可以吃上那酥脆的爆年糕片。老爷爷把年糕片倒入铁筒中,加一勺糖精,拧紧盖子,在火架上摇几分钟。待到快好的时候,大喊一声“放炮咯——”,孩童们死命地捂住耳朵,随着“轰”一声震耳欲聋的炮响,香喷喷的年糕片爆进白布袋。非但孩童,大人也喜欢来凑热闹,抓一把又香又脆的年糕片,权当是嘴巴的消遣,“解心焦”的零食。

炭火煨年糕,很香很好吃。旧时,宁波人“灶跟间”里还有“火缸”,用于储存灶膛里的余炭,兼可炖茶,寒冬有烧炭取暖的“火熜”,它们为炭火煨年糕创造了条件。只消在炭里埋入几条年糕,煨一小会儿,扒开炭灰,火钳夹出,放在两只手掌之间不停地换、不停地吹气,撕去“豹纹”斑点,稍一凉就迫不及待地往嘴里塞,“啊呜”一口,外脆里糯,一股暖意涌起,稻米的香气也在屋内久久回旋。

在江南濡湿的空气里,水磨年糕仿佛是天生的宁波风物,这种“的的糯糯”的主食,注定要在“海定则波宁”的甬地绵延。窄巷高墙里的外乡人难以理解,从小吃年糕长大的宁波人,何以讲得一口“石骨铁硬”的宁波话,或许是于软糯之中,渐渐地吃出了一股坚韧和大度,成就了甬人的性格和脾气。

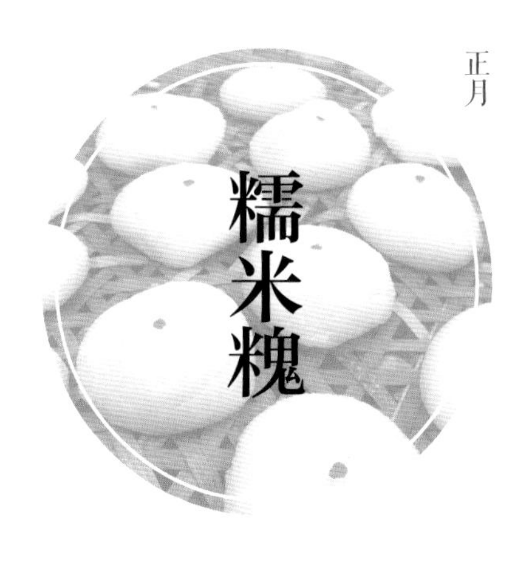

正月

糯米溾

方言，有时难以用书写的形式记录下来，譬如宁波人熟悉的糯米制品——“溾”（音 kuai，作平声），却蕴含着古典风情。甬俚有“搡溾搡年糕”“年糕搭溾”，常用来形容两个人性格互补，尤指夫妻俩形影不离，配合默契。

世间枯荣，人事况味，追溯到旧时的宁波，每逢过年前，家家户户搡年糕之后，也顺带搡一些溾，年糕和溾像是孪生，横七竖八地都被浸泡在平常人家的坛子里，一直吃到来年开春。

入冬后，农事也一日日清闲起来。冬至过后，男人和女眷们都筹备着搡年糕了。请“年糕班子”到自家搭个场地，生火、开灶、捶打，一连忙碌几天后，年糕终于搡好，与“年糕班子”结好账，还留有些糯米，接下来的几天里，自家人要开始搡溾了。

糍，宁波人多唤作“糯米糍”，以糯米为主料，口感较年糕更软糯，形状不作长条，而是呈小圆饼状。搡糍，不像搡年糕那般工程浩大，要经磨粉、抽粉的繁杂工序，而只需将糯米、粳米按比例混合，在清水中浸泡一夜就可上笼蒸煮。若要糍的口感好，糯米要趁好天气暴晒几天，老宁波人称此过程为“晒变”。糯米经几天的暴晒，米粒由本色变成粉白色，浸泡后上笼蒸成半透明时，就可以出锅了。

先前，宁波人的房前屋后，常有个大石臼，冬至搡糍，清明捣麻糍。做糍时，一般由女眷将蒸熟的糯米往石臼里倒，当家男人则拿起大木锤子，将“粢饭”反复捣碾，滚烫的米团会越来越黏，女眷则蹲下身来，手沾水后帮着一起翻面，男人前腿弓、后腿伸，浑身用力，满头大汗。孩童们围在一旁看热闹，老人家们则忙着准备案板和团匾……全家一起出动。

大石臼里的米团经过反复捣碾，舂到看不到米粒时，当家男人伸手从捣臼中捧起一大团冒着热气的糍珠，将其置于案板上。这时全家老小聚拢，一起“摘糍”，趁热摘下一个个米团，用双手将它们搓圆，然后再不停地拍打。因为糍珠实在太烫，只有不停地在双手间交换，才不会被烫痛手掌。将拍好的糍粘上米粉整齐地置于团匾中，手浸冷水后，再开始制作下一个。

孩童们拍过五六个后，兴趣渐无，大人往往抓一团“糍珠”递去，他们大概也懂得“自己动手，丰衣足食”的道理，三五成群地跑进“灶跟间”，舀起一勺雪菜笋丝，将其嵌入糍珠，咬上一口，软软糯糯的，咸香透鲜，也是一等一的乡间美味。

糍搡好，俟冷却后，宛若一朵朵绽放的白玉兰，小巧玲珑的。

为图个好卖相，还要在中央点上几个小红点，这一下子就增添了喜庆的味道。摆放在团匾中端出后，莫要太阳直晒，置于屋檐下晾上几天，等彻底干透后，刷去附在表面的米粉，就可投入瓦甏里用清水储藏了。隔三岔五地换一次水，将其置于阴凉通风处，可以储藏很长一段时间，能吃到来年的清明。

年节到来时，客人串门拜年。一番叙旧寒暄之后，主人家会造一碗“黑洋酥炖糯米馃”的点心招待宾客，一碗用熟猪油、黑芝麻粉、绵白糖混合蒸出的馃，香气四溢，足以让宾主尽欢。20 世纪 50 年代，宁波老城厢还有一道“豇豆沙淡馃”的点心，小贩挑着担子走街串巷，尤其是在冬日的夜晚，敲着竹筒“笃笃笃”地沿街叫卖，买来一碗做夜宵，红豆沙细腻无渣，与切成汤果大小的糯米馃煮在一起，绵长糯滑得不可名状。

不少老宁波的脑海里还有“双嵌麻团”的记忆。“双嵌麻团”的用料也是糯米馃揉成团，置于保温的大木桶中，有买主向前，便捉起一团热馃珠，嵌入白糖芝麻粉，按成扁平的团子，外层滚上一层黄豆粉，香、甜、糯俱全。就是那一块块饱含浙东旧味的“馃”，历经一次次的捶打与搡揉，于朴素之中，渐渐揉进了岁月的味道。

立春

荠菜春卷

在我们宁波，大年三十的菜场里，春卷皮子和荠菜大概是最畅销的。无论旧时，还是当今，无论大户人家，抑或平民百姓，都会裹一盘荠菜春卷，年夜饭席间总要上一道“油炸春卷”，容不得丝毫篡改。

揾一碟玫瑰米醋，咬一口裹着荠菜、香干、冬笋的春卷，一股浓浓的野菜香气在唇齿间流连，俨然早春滋味。抑或春节走亲戚，吃腻大鱼大肉，倘若桌上来一大盘“荠菜笋丝炒年糕”，肯定大受欢迎，顷刻光盘。草衣木食，就是这来自田野的荠菜，携上古之风，为过年的餐桌增添一丝春意。

荠菜，如今已登大雅之堂，而在旧时，却是穷苦百姓充饥的野菜，它在田野中俯拾皆是，唾手可得。《诗经·邶风·谷风》中有句“谁

谓荼苦，其甘如荠”，这种十字花科的野菜，很久以前人们便开始食用了。因野菜而起的乡思、乡愁、乡恋是常有的，文学作品中也屡见不鲜。

荠若开花，则春回大地，辛弃疾有首《鹧鸪天》，其中有一句脍炙人口的名句——“春在溪头荠菜花”。遥想当年，大词人站在溪头，看着盛开的白色荠菜花，明媚的春光就在眼前。而近代不少文人墨客则赞美其清雅淡爽，无论周作人，还是汪曾祺，谈到故乡的野菜时，荠菜那丝丝缕缕微苦的清香，皆跃然纸上，逗留唇边。这荠菜，在大师的笔下，着实风雅了一番。

不知道如今城里的孩子，还是否认识荠菜。记得我幼时，一场春雨浇醒沉睡的田野后，天气晴丽，空中飘着几丝云彩，外婆就会挎起篮子，带我去挑荠菜。与课本上张洁的《挖荠菜》中所描写的如出一辙，人手一把剪刀，蹲在柔软的土地上搜寻，看见贴地的羽状叶片，微微带着分叉，就拿剪刀轻轻剜来，除去杂叶后丢入篮中，一会儿工夫，荠菜就堆满了篮子。在初春的微风里，在暖暖的阳光里，每一个人都深深呼吸着青草与泥土的芬芳。

拿荠菜裹春卷，是宁波大年三十年夜饭的传统。宁波的春卷与别处不太相同，馅料基本是全素，以荠菜、香干丝、焯过水的冬笋丝为主，极少搁肉糜。年夜饭大多是大鱼大肉，油腻重，炸上一盘荠菜春卷正合时宜，一是野菜清口，恰到好处；二是冬笋属时令山珍，亦是重料；三是香干丝中和其涩，相得益彰。三种材料投入锅内微炒（也有人家不作炒，谓荠菜炒过后，失去香气），凉透后，舀一勺馅放在面皮的正中央，择一边往里卷，再将其左右邻边向里折，

待面皮快卷到末尾时，沾一点面糊封口。

烧开一锅油至七成热，沿锅边滑入春卷，锅中的春卷从白皮慢慢变为淡黄色，又渐渐成为金黄色，炸至颜色呈中间淡、两头深时，即可捞出装盘。出锅后的春卷像一根根黄澄澄的金条，微微透出玉绿，甚是可爱，散发着淡淡香味，无论多嘴刁的人，都会提箸前倾……

出锅的春卷，若两头的颜色偏深，说明炸得酥脆，恰到好处。用筷夹起一个，从头里咬上一口，嘴巴差点烫起一只泡，须晓得："一烫抵三鲜"，春卷趁热最好吃，才会"咯吱咯吱"的又脆又香！荠菜的清爽、香干丝的软糯、冬笋丝的鲜脆，三味融为一体，口腹瞬间得以满足，好吃得半天说不出话来。一盘上桌，顷刻抄底，性子慢的，细嚼慢咽的人，没夹到几个，盘中早已落空，直呼吃不过瘾，却也只好待到下一回了。

荠菜春卷是外脆里嫩的油炸菜馔，入口虽有点油，嚼后却并不腻，功在荠菜的清口。吃荠菜春卷，配一碟宁波本地产的玫瑰米醋才算圆满。"楼茂记"瓶装的还太高级，最好是廉价袋装的那种，什么镇江米醋、山西老陈醋的一概不取，只怕是不对路数，那种本地的袋装米醋才算地道，特别解腻！最妙的，它能配合油炸春卷独特的香气，口味跌宕，又可吊鲜。

甚矣，咬一口初春的荠菜春卷，与春的一期一会，真乃天地精华所至，所言非赘述也。你这厢，还在抱怨迟迟不来的春天，先行一步的荠菜，已经开启了一年四季的大门，也许在咬开一个春卷之后，才会慢慢悟到：哦，又是一年春回大地了！

清明

麻糍与艾青团

热热闹闹的正月春节过后，没多久，就是清明节了。二十四节气中，清明是一个祭拜祖先的时节，在浙东一带也是非常隆重的。饮食的节令之美，带着充满仪式感的诗意，同宁波方言一样，玄妙得令人着迷……

时至清明的宁波，下过几场绵密的小雨，桃花笑春风，天地之间由阴转阳，一夜之间春和景明，万物皆润。宁波的百姓人家都摆起“清明羹饭”，这清明祭祖的习俗一直沿袭至今。此时，山中的春笋拱出泥土，溪头的大白鹅在一年中最为肥美，取此等时令食材入馔祭祖，最合时宜，但其中有两道点心必不可缺，即麻糍与艾青团。

先前，一块块不起眼的青麻糍，似乎与百姓的命运息息相关。宁波各地宗族都有清明节分麻糍的习俗。一些宗族大多拥有几十

亩的祭田，租给佃农耕种，规定清明要提供麻糍祭祖，还要向族内男丁分麻糍若干，麻糍的大小和厚薄都有严格的规定，不合乎标准者，就要收回租田。为此，对有些势单力薄的佃农来说，清明又像是第二个年关，不得不全家老小起早贪黑，从早搡到夜半，连搡几天后方能凑齐数目。

宁波老话说“清明麻糍立夏团”，时至今日，农家依旧保留清明搡麻糍的习俗。麻糍中的艾叶、松花粉，都是春天的应景之物，象征着长青，也蕴含了自然轮回和人伦亲情。雨水之后，草长莺飞，多年生草本的艾草又开始萌芽，它叶片互生，羽状深裂，表面呈绿色，叶背则密生白绒毛，茎叶均有特殊香气。

《本草纲目》记载：艾叶性温味苦，无毒，通十二经，具有回阳、理气血、逐湿寒、止血安胎等功效，亦常用于针灸。它更是搡麻糍、做青团的必备原料，田埂、山坡、溪头都有它的身影，轻轻一掐，不

一会儿就堆满了篮子,散发着一股扑鼻的香气。

搡青麻糍的热烈场面，不亚于过年做年糕！在搡麻糍的日子里，巧妇们一大早就把灶膛烧得旺旺的，将采摘的艾叶清洗后加水煮开，捞出剁碎，然后把泡过的糯米上锅蒸熟，灶头上翻腾起缕缕热气。左邻右舍不约而同齐上阵，热闹异常。搡麻糍是个力气活儿，既花力气又要技巧，需要多人配合，巧妇们直接把饭倒扣在石臼里,加入水焯过的艾青,男人们轮番上阵,一人用木槌搡,一人用手翻 ……

添了艾青的麻糍在捣匀之后，白色的米团就变成了青色，直搡到不见米粒后，把搡好的糯米团放到面板上撒上松花，用面杖擀成薄饼状,半干后用刀切成一块块,即成麻糍。扯上一小块塞进嘴里,滑溜溜、软绵绵的，糯米的甜味，松花与艾草的清香，那一种久违的、熟悉的清明的记忆,就在脑海里一点一点地弥漫开来。

麻糍无馅，而艾青团嵌有馅子。宁波人包艾青团，馅子的花色交关多：甜的有猪油芝麻馅、豆沙馅；咸的有雪里蕻咸菜炒笋片肉丝、马兰或荠菜炒香干等等。搡好的麻糍，趁热包上馅料，就是艾青团了,皮子揉得细腻,馅子放得适中,包得光滑,散发着芬芳清润的香味。狠狠地咬上一口,"韧结结"的,很少有人不吃第二只的。

青麻糍最纯正的吃法，就是将其置于平底锅上，不必添油，两面烙成焦黄，蘸糖吃。清明麻糍与艾青团，吃的是时令之美，是岁岁年年的约定俗成，它们仿佛天生拥有召唤的力量，人们笃守的平淡生活，由此变得意味深长。在温情脉脉的时光里，烙一盘墨绿的麻糍,裹一屉艾青团,一咬一个春天,如同身在旷野 ……

立夏倭豆饭

“青青蚕豆种宜稀，颗粒圆匀英正肥。野老更传倭豆熟，南风轻飏楝花飞。”这是清代学者戈鲲化在《再续甬上竹枝词》中描写蚕豆的诗句。作为首位在哈佛大学执教的中国人，戈鲲化虽处大洋彼岸，却一直留恋着宁波的风物，惦记着田埂上的“倭豆”。

早在明朝，宁波人已习惯把蚕豆叫作“倭豆”，这独一无二的称呼，一直沿袭至今。宁波人为何将蚕豆称为“倭豆”？据说与戚继光抗倭有关。民间有一传说：当时戚家军在镇海甬江口（戚家山）抗击倭寇，将士们每杀一个倭寇，就会在附近摘一粒蚕豆，用线串起来挂在自己的胸前，蚕豆越多，越是荣耀。后来当地人索性把蚕豆改称“倭豆”，用来纪念戚家军将士。

立夏过后，蚕豆成熟，农民们开始收摘蚕豆，丰收的喜悦洋溢

在田间地头。农民有时还将蚕豆晒在大路上，让行人从上面踩过，使蚕豆从豆荚中脱出。每逢此时，满地皆蚕豆，脚踩在上面，一片哗啦啦响，孩子们玩得不亦乐乎。

而此时芹菜、蒿菜都老得开花了，土豆、番茄、茄子还只是苗儿，只有蚕豆荚饱满着，剥开来，一粒粒水灵灵的。无论做小菜，还是加工后当“闲食”，都是时令美味。

新采摘的倭豆碧绿如翡翠，味道鲜美，在鲜倭豆上市季节，宁波人会把它烹饪成不同口味的各种佳肴：咸齑豆瓣浆、夜开花豆瓣羹、韭菜豆瓣炒鳝丝、油氽豆瓣……蚕豆晒干炒熟后磨粉，加入椒盐，即成“椒盐倭豆粉”，咸中带香，孩童胃口不开时，舀几勺拌入米饭中，模样和鲜咸都是不外传的宁波风味，他们会自觉地大口扒饭。

按照传统习俗，立夏那一天要“称人”，要吃“倭豆咸肉糯米饭”，除了食材正当时，还有一个很重要的原因，即倭豆糯米最会“饱”人，吃完了去称，体重一定会增加。立夏那天，老墙门内的家家户户都会焖一锅“倭豆饭”，让合家老小大快朵颐，这从前的风俗至今未变。

做倭豆咸肉糯米饭的食材不求多，大米、糯米、倭豆和咸肉足矣，有时加上另一种时令货：罗汉豆。将咸肉洗净切丁后，放入热锅冷油中煸炒出香味；再将所有食材倒入锅内，加入已经提前浸泡好的大米和糯米用油翻炒一下；锅内加开水，没过食材即可，小火焖煮。不久，倭豆的清甜香气混合着米香，“噗，噗，噗”地从锅沿中钻出来，此时翻起锅盖，再稍微加些盐，搅拌均匀就成了。倘若用

柴火大灶，小火焖出来的倭豆饭会更香一些。

宁波俚语："立夏鸡蛋松花团，倭豆米饭脚骨笋。"但最诱人的，还是一锅热气腾腾的倭豆饭，最是开锅的一刹那，豆香混合肉香，清香扑鼻。抢先尝上一口，豆的香糯和米的软绵，鲜甜留香，口味独具一格。老宁波的一勺立夏倭豆饭，可谓怡情悦心，又雅合时令，取立夏之物，应时感气，妙哉甚矣！

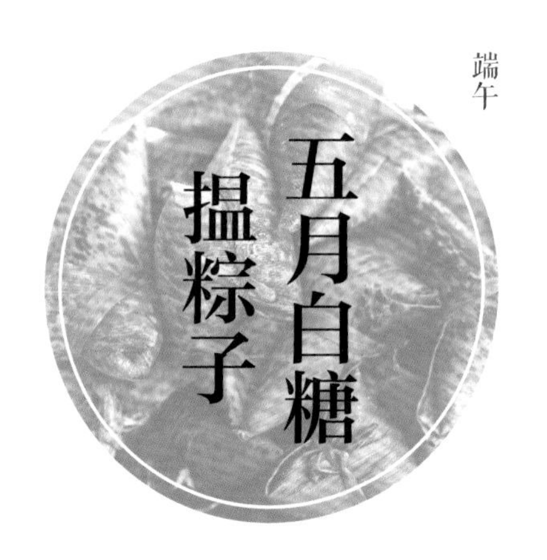

端午

五月白糖揾粽子

古人称农历五月为“皋月”。皋，湿气也。湿气一来，江南一带便蒸腾而炎热了。此时节，河间的菖蒲长得最为粗壮，野外的艾草早已齐腰，当年的新生毛竹一枝枝拔地而起，带有褐色绒毛的毛竹壳，已悄然落于竹林下，门前挂起菖蒲艾叶两把“佩剑”之后，于宁波人而言，此时是裹粽子的最佳时令了。

捡来笋壳，裹起粽子。深山中毛笋的壳，晒干后存起来，端午前后拿来包粽子，仿佛是宁波人的专利。淡黄色的毛笋壳上有深褐色的斑点，有豹皮斑纹的野性之美。宁波老太们用笋壳包碱水粽，紧实而泛一点黄绿色，吃起来别有风味。

端午佳节，中国人纪念屈原而吃粽子的习俗流传至今。江浙一带的粽子历来各有千秋：嘉兴的“五芳斋”、湖州的“诸老大”、衢

州一带的“辣粽”，各具地方特色，声名远播；去过厦门旅游的人，则大多品尝过著名的“烧肉粽”。但对宁波人而言，相比市面上馅料五花八门、一口咬下去油腻腻的粽子，许多人心里惦记的，还是那清清爽爽的碱水粽，白糖“揾揾”的滋味，是永远不可替代的。

宁波古谚云：“四月种田下秧籽，五月白糖揾粽子。”赶在端午前，许多老太太会早早地去市集买回糯米和豇豆，不忘捎带一捆干笋壳，家家户户筹备裹端午粽子。若天气晴朗，老墙门里的巧妇们会搬出一个个米箩，摆在天井里，左邻右舍围拢来，互相帮忙一起裹。

那些平日里因鸡毛蒜皮积下间隙，邻里间已有好一阵子互不往来的，或因一起裹一回端午粽子，抑或亲自上门送去一串自家包的碱水粽，往日的隔阂也就一笑而过，又扯起“石骨铁硬”的大嗓门，彼此唠着家长里短……

传统滋味浓郁的宁波碱水粽，大概分白粽和豇豆粽两种。拿毛笋壳包粽子，是地道的宁波做派，在别处是见不到的。毛竹成长的过程中层层脱落的壳，内面光滑呈白色，外面是稍带绒毛的黄褐色，俗称“箬壳”，买来的箬壳已经过处理，待到用时，拿到水里泡软捋平即可。上好的糯米淘净后，用清水浸过夜后沥干备用。

在包制碱水粽过程中，碱水扮演的角色尤为突出。清人童岳荐在《调鼎集》中记载：“凡煮粽，锅内入稻草灰或石灰少许，易熟……”浙东一带也遵循这样的古法，后逐渐演变为用稻草灰水浸泡糯米，即将稻草洗净晒干后烧成灰烬，倒在纱布上，用滚烫的热水冲，沥下的汁水即是最原始的“碱水”。

如今却是直接在糯米中掺入食用碱。添多添少全凭经验，然而多一分，煮出的粽子则色褐如冻，碱味腥涩难入口；少一分，则色淡味寡如散沙，丢了色香味。须不多不少恰到好处，碱水粽子才会晶莹剔透、琥珀金黄、坚挺稠滴。若凑近去深闻，会有一股幽幽的清香，沁人心脾。

我尚年幼时，看过老墙门里的左邻右舍裹粽子，而今回忆起来，就是一轴浓郁的市井风情画。宁波老太们双手将箬壳轻轻一扭，箬壳即呈漏斗状，舀一勺泛黄的糯米倒入箬壳，混入几粒涨好的豇豆，轻轻压实糯米，将半截箬壳一横折，拿绳头打个活结，筐里就多了一只棱角分明的粽子。待筐里的粽子堆得似小山时，就可准备柴火，烧旺灶头煮粽子了。

以前的老墙门里都有灶跟间，那传统的大土灶，用来煮粽子是最合适不过的。镬内添水没过粽子，把镬盖盖严实后，用木柴大火滚沸个把钟头，再用小火“焐”三四个钟头，最后利用灶膛的余热把粽子“焖”过一整夜。

待到第二天早晨捞出，剥开箬壳，粽子棕红泛亮，尖头似冻状。用棉线割开后，上一小碟白砂糖，用筷子叉起粽子“揾一揾”白糖，咬上一口，“韧结结”的弹性十足，口感最“Q”，真正的色香味俱全。千余年来，这一只只棱角分明的碱水粽，充满着人间浓浓烟火味，即便是今日，在许多老宁波的心中，吃上一口浓郁的碱水粽，才算过了端午节。

夏至

灰汁团

灰汁团，乃是一道宁波独有的小食。它的模样粗拙可爱，呈茶色的浑圆状，团内、团外均匀无白点，半透明，比鸡蛋略小些。因为是用当年的早稻米制成，极有韧性，吃起来不粘牙，清凉爽滑够筋道，冷悠悠的，而且越冷越爽口，是夏季三伏天里最好的解暑小食。

灰汁团是地道的乡里货，是北仑柴桥一带著名的点心。当地重阳节，历来有女婿向岳父岳母挑“望节担”的习俗，那圆圆的灰汁团是不可缺少的“担品”之一。另外，鄞州古林镇石马塘的灰汁团也久负盛名，镇海、奉化一带也广为流传。

早稻收割完毕，黄澄澄的稻谷被运到晒谷场晾晒，剩下一束束的稻草，则整齐地被晾晒在田间地头。恰恰是那一捆捆最不起眼的稻草，本是用来做饲料、垫猪圈、当燃料，外地人不曾料想它们却

能化腐朽为神奇，造就了一道宁波古早味的点心。

清光绪《鄞县志》中曾记载：“新谷既登，先荐祖先，然后食，谓之尝新。”农户喜获早稻之后，先荐祖先。人们将早稻米磨成粉，把晒干的稻草烧成灰。待水烧开后，把稻草灰畚出，用开水淋灰，取其汁水，经沉淀过滤后即成“灰汁”。

取“灰汁”，拌入之前磨好的早稻米粉。在米粉中加入黄糖拌匀后，直接倒入锅内用文火烧，并且不断地用铲子顺时针方向搅拌，再次添加黄糖和灰汁水，待水磨粉煮到八成熟且颜色略黄时，随即出锅，趁热用手搓成一个个直径三四厘米大的团子。把搓好的团子放入垫有蒸笼布的笼屉内蒸半小时，等颜色呈深棕色后取出，放置于阴凉处凉透，颜色暗红的灰汁团，吃起来“韧结结”的，挟带一股乡风。

早稻于春季生长，饱含江南的水汽，如此才能蒸出粒粒分明的一锅，飘着一缕清香。收割完早稻，又恰逢农历“七月半”，做“七月半”羹饭时，搓上几个灰汁团，既祭祀祖先，又可尝鲜，这美食源自民间的土地。早稻灰中含有碱性物质，对人体健康有益，再加上早稻米的清香，天然绿色无添加，灰汁团也就渐渐成为宁波人喜爱的一道传统小食。

如今，灰汁团在市区菜场、超市里都有出售，但都添加食用碱，唯独少了老底子取灰汁的程序，没有那种醇醇的、酽酽的清香味儿。而这种味道，源自新打的稻草所煅之灰，和新打的早稻所轧之米，两者缺一不可。

小暑

地力糕

前阵子，看《昆曲六百年》，书中讲到"传"字辈的昆曲名伶王传淞，他初到上海滩无法立足，在外国租界里设茶水摊卖"地力糕"，不提防一只大皮靴踢来，一个恶狠狠的外国巡捕把"地力糕"踢翻在地。一代昆曲名伶，竟落魄至此。但他最终没舍弃昆曲，在极度艰难的条件下，继续为传承古老的昆曲艺术而奔波。

看完这则故事，突然想到宁波本土的地力糕。这种曾与龙凤金团、水晶油包齐名，位列"宁波十大传统小吃"的糕点，如今却淡出人们的视线，销声匿迹有不少年头了，想必只有年过半百的人，还依稀记得这种小食。

在某些文字记载中，它常常被写作"地栗糕"。究竟是"地力"，还是"地栗"，估计大多数宁波人也搞不懂。莫不是指荸荠？因为江南一带，有人会把荸荠称为地力。可宁波人做的“地力糕”，不见半点荸荠的踪影，况且炎炎夏日，也并非收获荸荠的季节。反正这个消暑的地力糕，已被宁波人称呼了这么多年，也没必要去考证细究了。

老宁波的夏天，街头巷尾都有老婆婆摆茶水摊，一边卖茶水，一边卖手工地力糕。三十多度的高温天里，花几分钱，就能吃一块凉丝丝的地力糕，往往囫囵吞下，那类似果冻的口感，混合那股渗透力很强的薄荷味，足以让当年的孩子大呼过瘾，就连赤膊摇蒲扇的老公公也会尝上几块。那股凉意在齿间徘徊片刻后直沁心脾，

几块落肚后，不知不觉赶走了几分夏日的烦躁，获得一种酷暑里难得的惬意，由内而外的凉爽，顿时令人产生幸福的满足感。

说起地力糕的原料和制作，也不复杂。原料再普通不过，就是宁波人所说的“山粉”。它一般是由新鲜番薯经过“刨、洗、晒、磨”等工序制成，是“宁波下饭”转浆做羹汤的必需品。旧时，番薯产量不高，山粉得之不易，比较珍贵；如果用藕粉做地力糕，则是大户人家的做派了，其味更胜一筹。

先从中药店购回干薄荷，或在房前屋后揪一把新鲜的薄荷茎叶，小火煎熬出薄荷水，冷却后备用。薄荷水辛凉解表，其效不输市面上的“加多宝”。取适量的山粉块置于容器中用凉开水化开，掺入薄荷水搅匀。锅内加少量水，煮沸后加白砂糖或黄糖、糖桂花，然后缓缓地将一碗混有薄荷水的山粉糊倒入沸水中，迅速用竹筷搅拌，直至锅中的山粉糊变色，呈厚黏的糊状，离灶后将其倒在平底瓷盆里，拿井水镇凉后，改用小刀划成菱形即成。用薄荷水和冰糖调成卤，浇在上面，凑上去一嗅，一股冰凉的薄荷味直沁脑门。

冷却后的地力糕，一块块晶莹剔透，嵌在其中的糖桂花，朵朵绽放，令人赏心悦目。三伏天里，蒲扇摇摇，喝上一碗“木莲冻”，再来几块地力糕，最能清热降燥。人们往往把冰凉的井水打上来，洒遍整个天井，伴着迎面吹来的“弄堂直头风”，边吃边纳凉边讲大道，这些都构成了人生追忆的元素、耐人寻味的美好。

如今色彩鲜艳、掺入各种添加剂的果冻、咖啡冻、茶冻，像是它的儿孙辈，充其量是豪华版的地力糕。而真正属于宁波十大传统小吃的地力糕，却淡出了人们的视线，大概是它太过于朴实了吧？

大暑

木莲冻

宁波的三伏天，闷热而漫长。聒噪的蝉鸣声挑拨着脆弱的神经，使人愈加心浮气躁…… 炎炎夏日，午睡醒来，总要吃点绿豆汤、西瓜来解暑，从小在宁波一带长大的七〇后，应该不会忘记一种唤作“木莲冻”的冷饮，如今也会偶尔出现于街头巷尾。

小时候，路边摊的阿姨会竖起一块木板，用粉笔写上“木莲冻”或者“冰木莲”，买者不乏。凳子上架着白色的搪瓷面盆，上面覆盖一块玻璃或纱布，里面是像龟苓膏一样的“木莲冻”，晶莹剔透，颤颤悠悠的。只要几毛钱，热情的阿姨就会给你盛上一碗透明见底的“木莲冻”，迅速浇上一些薄荷糖水，递到你的面前。人就站在太阳底下连舀带喝的，嗖嗖没几下子，碗就见底了，心却一下子透凉清爽起来。

多年以后，我读到鲁迅的《从百草园到三味书屋》，其中一段写道："何首乌藤和木莲藤缠络着，木莲有莲房一般的果实，何首乌有臃肿的根……"才知道儿时所食的"木莲冻"，是由木莲这种植物制成的。木莲在宁绍平原很常见，查阅资料得知：木莲是一种藤本植物，学名为薜荔，俗称"鬼馒头"。常匍匐生长

于矮墙，或攀缘在高坡及树枝上，夏季开花，雌雄同株，结卵形的复花果。籽料细小，富含果胶，可制食用凉粉，有祛风除湿、消肿解毒作用。

宁波老底子的木莲冻，都是用木莲籽制作的，制作木莲冻的方法并不复杂。首先将摘下的木莲果用清水洗净，用刀对半剖开，挖出中间的木莲籽后，把木莲籽装入清洁的布袋，并紧扎袋口。然后打一桶冰凉的井水，将装有木莲籽的布袋放入桶内，用双手不断地绞搓，搓出黏稠度很高的乳白色胶状液体，再盖上一块白布，将木桶放到阴凉的角落里。为了提味，有人还会挤入一小段“中华牙膏”。几个小时过后，木莲果汁与井水的混合物凝固成冻，这就是木莲冻了。但它本身无色无味，舀入碗里后加一些黄糖水、薄荷水，撒入几粒糖桂花才好吃。

木莲冻，这种古老的消暑凉品，到底起源于何时、何地，恐怕无从考证了，但在宁波的大街小巷里，在香樟树下的阴凉里，在泼水后的墙门天井内，都会有它的身影。它和如今的果冻很相似，只是稀薄些。现在的超市也有盒装的木莲冻出售，但大多是采用魔芋粉、卡拉胶加上白糖、薄荷香精混合制成，味道也不错，但终究不是天然。

在以前的夏季，如果遇上酷热天气，左邻右舍往往自己动手制作木莲冻，让全家人同墙门里的人一起享用。午睡起来，盛上一碗晶莹剔透、甜丝丝、冰冰凉的木莲冻，用勺舀起一块送入口中，还来不及细细品味，便已“咕噜”一声滑入喉咙，凉爽至极。大概不少老宁波人的脑海里都有类似的消夏记忆吧。

前几天，一家人逛到了南塘老街，本想买斤“油赞子”吃吃，远远望去那蜿蜒二三十米的队伍，马上打了退堂鼓。恰巧路过甬城老字号“赵大有”，碰上有现场制作的苔菜月饼出售，看着新鲜的“热气货”，就买了几只尝鲜。

回家拆开纸包，一口咬下去，一股浓郁的苔菜香味。苏式月饼饼皮松酥，馅料饱含浓郁的麻油香气，甜中带咸，诚为佳饵，尝过之后，全家老小都认定这才是正宗本埠的味道。

苔菜，学名浒苔，生长于宁波近海岩石或滩涂，风干后呈条状，故宁波人谓之“苔条”，具有色泽翠绿、香气扑鼻、鲜美可口等特点，是一味颇有名气的宁波海产。宁波人早有采食苔菜的习惯，在许多古籍和地方志上都有记载。

据宋宝庆《四明志》载：“苔，生海水中，如乱发，人采纳之。”宋嘉定《赤城志》载：“苔，生海水中，出宁海古渡者佳。”苔菜生产地主要在象山港和三门湾内，奉化、象山和宁海均有出产，其中以冬苔品质最高，待晾晒至八九成干燥时，用绳扎成小束，即为成品。

苔菜是种风味独特的食材，时常参与宁波菜肴和糕点制作。入糕饼类就有：苔菜月饼、溪口千层饼、苔生片、苔菜油赞子等；入菜肴类有：苔菜拖黄鱼、苔菜小方烤、苔菜花生米等。凡以苔菜佐材的食物，无不清香可口，味道鲜美，令人胃口大开。

甬城旧俚：“八月十六中秋天，月饼馅子嵌嘞甜；新米蜂糕红印添，四亲八眷都送遍。”农历的中秋佳节，最具特色的节令食品当属月饼。但宁波人自撰历书，每值八月十六夜，香案供桌，妇孺拜月，秋桂金馥，花鬓云影，总有一卷苔菜月饼隐藏在皎皎的月色中。

农历八月十六那一天，老墙门里的左邻右舍都会准备好西瓜、葡萄，以及几卷油纸裹着的苔菜月饼。比起其他月饼花里胡哨的精美包装，苔菜月饼那层卖相朴实的油纸，实在是简陋。赏月时，每人一两个苔菜月饼，不一会儿工夫，孩子们就吃光了手里的月饼。“甜中有咸，咸中透鲜”的苔菜月饼，在他们心里留下温馨的回忆。

旧时的宁波，大概在农历七月半左右，甬城各家老字号、饭店门口就开始制售苔菜月饼，立秋刚过，暑气渐消，大街小巷的空气里弥漫着一丝若有若无的烘烤香气，时而浓郁，时而轻淡。那刚出锅的月饼，还烫手，即使你刚在隔壁点心店吃过小笼、生煎馒头，但无论经过哪一摊，一闻到那股浓浓的烘烤香气，看见那焦黄的外

壳，总会垂涎欲滴，趁热带几只回家。

苔菜月饼，严格意义上属“苏式”一脉。传统月饼的制作是非常考究的。先要制“酥”，由面粉和油混合而成，目的是让饼皮更加松脆。备好酥后，将面团和酥揉到一起。揪成大小相等的面团，用擀面杖推成薄皮，包入馅料后，按成扁鼓形。有句行话：“三分打饼，七分烘”，月饼包好馅后，就被放进烤炉，用 250 摄氏度高温烘烤。短短 20 分钟，鲜香酥脆、盖着红印的苔菜月饼就出炉了。

正宗的苔菜月饼大小均匀，圆挺，周边鼓起；不走酥，不漏馅，收回处无开裂，盖印正中清楚；表面为浅棕黄色，腰边浅黄略白，无青色，底棕黄色，不焦，馅心为暗绿色；酥皮光洁，层次均匀，无粉块；馅心干湿交融，有苔菜鲜味，麻油香味浓郁。能想出把苔菜作为月饼馅的宁波人，可谓聪明绝顶，又暗藏风雅。

眼下，往往中秋节还未到，月饼票已被人们乐此不疲地送来送去，回收月饼票的贩子穿梭于宁波各大酒店。酒店的月饼包装精美，少则几百，多则上千，价格不菲却华而不实，月饼馅也如出一辙：皆用豆沙、莲蓉伴蛋黄，重糖重油，咬下去粘牙，真正好吃的月饼，少之又少。说实话，那一卷用油纸包裹、经济实惠的苔菜月饼，真的很好吃！

白露

桂花糯米藕

藕，一直与江南水乡有着深厚的情谊。宁波的城郊一带，山不高，水不深，河道纵横交错，城西和东乡都分布着广阔的水域，最适宜茭白和莲藕生长。其中，这一味质朴单纯的莲藕，倍受甬城人民的喜爱。

农历中秋前后，宁波本地鲜藕大量上市，“九孔碧藕秋日鲜，生熟咸甜总相宜”，清脆爽口的鲜藕，时常出现在甬城百姓的餐桌上。许多老宁波祭祖做羹饭时，桌上也会供奉一碗藕，吃藕的寓意在于“路路通”，藕断丝相连，九孔通达，血脉总与祖先相承。

藕不仅性温和，而且健脾开胃，人们爱藕，如同爱莲的气质。吃藕的季节，桂花也遍地开放。藕，蕴藏着荷花对夏日远去的挽留；那桂花，则是天凉好个秋的暗示。桂花和藕的完美搭配，造就了一

种独特的江南味道——桂花糯米藕！

江南人最是讲究时令与食物的相辅相成，莲藕，桂花，新收的糯米，三样食材，无不是深秋的馈赠。桂花糯米藕集藕香、桂香、糯米香于一体，入口更是糯软绵长，清香无比。大多数宁波"下饭"讲求"鲜咸合一"，某些"压饭榔头"更是咸得出奇，这道"桂花糯米藕"却是一道甜食。

它大概是宋室南渡后，自苏杭一带传到宁波的。藕和米都是低调的食材，可谓"天生丽质难自弃"。此番温柔的结合，再佐以桂花的香气渲染，吃的是藕，让我们陶醉、念念不忘的，却是那桂花的甜绵。

宁波人做"桂花糯米藕"，用晚秋的新糯米、塘藕及糖桂花，做起来不难，就是有点麻烦，颇需要些耐心。从最开始泡糯米，到往藕孔内灌米，到煮藕时慢慢待其熟透，都是慢工出细活，急不得。糯米洗净后用冷水浸泡半天；挑选略粗的藕，藕孔大些便于装米，两头最好是有藕节的，这样藕孔中不会有淤泥。

煮糖藕时，先将藕刮皮洗净，从两端切下一小节，两头分别装米，最后用牙签将两头重新封口。藕放入冷水中，大火煮开后加冰糖改小火慢焐，焐上两三个钟头，投糖桂花、赤砂糖以大火收汁，最后就看到了色泽酱红、汁水如蜜、入口清香甜糯的桂花糯米藕。半冷半热时用快刀快切，浇上焐藕的甜卤，一盆色香味俱佳的“桂花糯米藕”上桌后，定会让你食指大动。糯米的糯加上莲藕的面滑，若再加上点蜂蜜，夹起一块糯米藕，糯米和藕都会拉起长长的细丝，不由你不爱。

世人喜欢“天凉好个秋”，但宁波的秋天持续时间较长，秋燥会让人产生许多不适，诸如烦躁口渴和食欲不振等。而莲藕具有“凉血、养血、利尿”等功效，几片桂花糯米藕咽下之后，从舌根泛起阵阵回味，不仅有益胃健脾、养血补益之效，还能调理肺热咳嗽、脏器烦躁等症状。

如今，甬上的本帮饭店，基本是拿它来做宴席的前菜或冷盘，冷冰冰的。其实，桂花糯米藕趁热食用，味道更胜一筹，糯米热食也容易消化。佳节团聚的餐桌上，不妨端上一盘胭脂红色的桂花糖藕，一家人的心情也会一起甜美起来。

冬至

番薯汤果

宁波人有句老话："冬至大如年，皇帝佬倌要谢年。"日子走到冬至这一天，漫长而清冷的冬夜算是到头了。冬至过后阳气回升，白日渐长，新节气自此又循环往复了。

从古至今，宁波人对"冬至日"，是当"大节"来过的。在老宁波的习俗里，汤果可是冬至必吃的美食之一。冬至早上，每家每户都会早起煮上一锅"番薯汤果"，先舀出一碗供过"灶君菩萨"后，才全家围在一起分享。甜甜糯糯地吃上一碗番薯汤果，微醺的酒酿气让来年的希望都沉醉在冬日的暖阳里，人就又大一岁了。

汤果又叫圆子，但个头比汤圆要小，实心无馅，取"团圆""圆满"的意思，常见的是酒酿圆子、豆沙圆子。据民俗专家考证，从前宁波人把汤果视为"尚食"。糯米香糯润滑，旧时却因种植量低而

显得尤为珍贵，所以一般人家只能在正月、元宵、中秋等佳节，全家团聚时，才磨几斗糯米，才有共享汤果的口福。勤劳节俭的巧妇们用杂粮代替糯米，尽量少用糯米，掺入番薯块后制作出别具特色的“番薯汤果”，有的地方还将糯米粉掺入芦稷（高粱），那就是芦稷汤果了，另有一番风味。

番薯汤果的做法，和“浆板圆子”的做法大同小异。用盆子准备好水磨糯米粉，兑水揉捏，再搓成拇指粗细的长长一条，然后摘成小段，合掌心搓成小圆球，这就做好了实心的圆子。不喜甜食者可把它煮成带咸味的青菜汤果或咸齑笋丝汤果，则另是一种味道了。

鲜番薯清洗后刨去皮，置于案板上切成比汤果粒略大一些的小丁，根据个人喜好，随意安排糯米圆子与番薯的比例。灶头火旺后，先投入番薯丁煮至熟透，然后置入糯米圆子，待汤果浮起后，再投入浆板、冰糖、糖桂花等，若要汤羹稠滴些，可掺入藕粉起一层薄浆，加锅盖焖片刻后，香甜可口的番薯汤果就能出锅了。

“困困冬至夜”，全家人早起梳洗后，一人盛一碗“番薯汤果”，嚼着烤过夜的“大头菜年糕”，寓意今年的霉运翻过了，来年自然就要年年高升。烤大头菜也是有讲究的，宁波话叫“烘烘响”，听上去直抵脑门，寓意来年生活必定红红火火，热热闹闹！三样传统美食凑在一起，当作早餐享用，好比“桃园三结义”！一年之中，也只有在冬至的清晨，三者才会碰头。

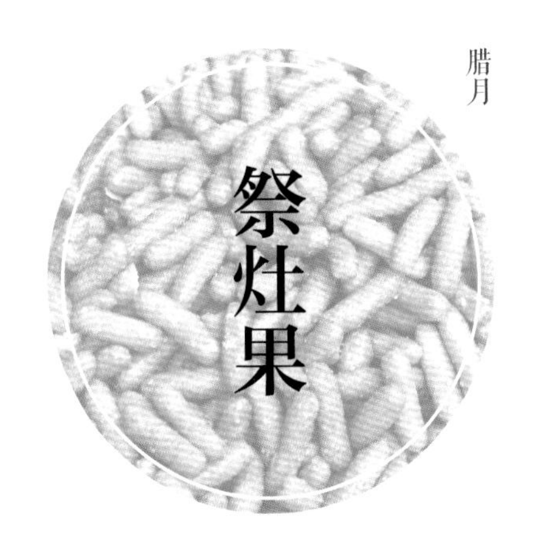

祭灶果

农历腊月廿三，全国各地都有“祭灶”的习俗，地处浙东的宁波也不例外。旧时的厨房，老宁波人唤作“灶跟间”，上接烟囱，下近灶膛，梁头的龛内供有“灶君菩萨”。

民间有本《敬灶全书》称：“灶君受一家香火，保一家康泰；察一家善恶，奏一家功过。每奉庚申日，上奏玉帝，终月则算。功多者，三年之后，天必降之福寿；过多者，三年之后，天必降之灾殃。”听罢这段话，举头三尺有神明，大概人人都要起敬畏之心，小心谨慎地供奉这位灶君大神吧。

农历腊月廿三夜，灶君菩萨要上达天庭述职。年终总结汇报前，凡间百姓总要供奉他吃好喝好，上天庭后要“好话传三遍，坏话丢一边”。为粘住灶君的嘴，少向玉帝打小报告，北方人多供奉“糖

祭灶果
祭灶果
祭灶果
祭灶果
祭灶果

财神酥

瓜”“麦芽糖”,而浙东宁波一带,皆是清一色的“祭灶果”。

甬城老话:“廿三夜祭灶果,吃了乖乖过。”多年来,祭灶果的包装未改,上面印有笑眉舒展的灶王爷。宁波传统的祭灶果,坚持手工制作,味道历经百年不曾改变,饱含着美好祈愿。一包里面最少的有六色,多的有八色、十色,成双不成单,好比“京八件”,多是由各色点心拼凑而成。

一包祭灶果除油果、冻米糖、豆酥糖等大路货色外,还有以下特色糕点糖果:“芝麻枣”,大概是祭灶果的原型,用糯米炸成,里面呈蜂窝状,外面裹有芝麻,香脆可口;“红球白球”,也是由糯米粉油炸而成,个头挺大,里面是空心的,用色素染成红白色,取“金银满堂”寓意;“藕丝糖”,在麦芽糖之外滚上一层白芝麻,形似黄澄澄的金条;“黑白交切”,俗称“脚骨糖”,常被赋予“脚骨健健过”的含义;“洋钱饼”,一个个小圆饼裹满白芝麻,形似一枚枚铜钱,清甜香脆。这些拼凑的糕点,皆有共同的特点,即重油重糖,又甜又黏。

“灶君菩萨”吃过各色果子后,满口香甜,一定会笑得意味深长,在玉帝面前多添美言。如今买回祭灶果,多数宁波人是为了完成习俗的传承,真正吃它的恐怕不多。盖其糖分较多,过于油腻,不太符合现代人的饮食观念。然而在物资贫乏的年代里,腊月廿三是孩童们最向往的日子,他们往往等不及上供就急着拆包,挑选自己喜爱的果子,大人每每教诲道:“侬要乖乖过,菩萨供过拔侬吃。”

时维隆冬,无论贫富人家,腊月廿三每家每户都是“烧三炷清香,供奉一盆祭灶果”。祭灶过后,灶跟间里会围满孩童。各色各样的果子，像是时光赠予的礼物，对一个孩子而言，世界上还有什么比祭灶果更好吃的东西呢？无论你如何挑选、偏爱哪个，它都完整地留在童年的记忆里。吃罢“祭灶果”，户外的鞭炮，接二连三地响起，过年的脚步也越来越近了……

传统之味

『拜岁拜嘴巴，坐落瓜子茶，猪油汤团烫嘴巴』，一碗红糖长面，几粒宁波汤团，数百年的手口相传，沉淀着不变的经典味道，犹如甬城的味觉。传统之味中蕴含着古典风情，透露着门第家风，体现着岁月静好、现世安稳。

甬上十大名菜

甬上饮食文化历史悠久，依山傍海的宁波，物产原料迭出，海味尤多。宁波人懂得吃，擅长烹制海鲜，往往就地取材，不用过多的调料和辅料，讲究原汁原味，注重以咸提鲜，形成鲜咸合一的特色风味。烹制以蒸、烤、烧、炖、腌等技法为主，菜肴大多咸里透鲜、质感鲜嫩、香糯软滑、平和适中。

随着近代宁波通商开埠，宁波菜经甬上几代名厨在继承、发扬传统的基础上大胆革新，终于形成了具有浓郁海洋文化的一方菜系。甬菜逐渐崛起，在全国独树一帜，逐步形成冰糖甲鱼、咸齑大汤黄鱼、腐皮包黄鱼、苔菜小方烤、火踵全鸡、荷叶粉蒸肉、锅烧河鳗、网油包鹅肝、黄鱼海参、宁式鳝丝十大传统名菜。

1. 冰糖甲鱼

宁波人烹制甲鱼的技艺，可谓出类拔萃，独树一帜。“冰糖甲鱼”，又名“独占鳌头”，位列宁波十大名菜之首，也有很多的典故。这道菜能在海鲜云集、咸鲜至上的宁波菜系里杀出一条血路，自然有它的道理。甲鱼与冰糖同烧，色重黄亮，具有滋阴、调中、补虚、益气等功能，吃来软糯润口、香甜酸咸，风味独特。

此菜只应宁波有！吃这道菜，所用甲鱼必要活杀，食客还得耐心等待一个多钟头。为了享受口福，必毫无怨言。甲鱼选半斤以上、一斤半以下，有“八开”“六开”之分，以一斤重的“六开”最为理想。烧这菜，要的是一个“糯”字，看起来形状完整，吃起来不生不腥，浓

厚入味，色泽黄亮，冰糖酥脆，充分体现了宁波菜的火候运用技术，稳坐甬城老字号“状元楼”的头牌，凡觞咏之处，必点此菜！

2. 咸齑大汤黄鱼

旧时，每逢东海鱼汛旺发，海面上一片金光闪闪。不消说，那必定是野生大黄鱼的身影，这些黄鱼个个肥硕，泛着诱人的光泽。宁波人一向对大黄鱼有一种奇特的情结，在当地人看来，东海鲜味众多，但都不能与野生大黄鱼相比，甬菜以黄鱼入馔者繁多，又以咸齑黄鱼汤、腐皮包黄鱼、苔菜拖黄鱼、黄鱼羹最有名。如今野生黄鱼几乎绝迹，任何一条都身价不菲，早已不是常人能消费的。

"鲜咸合一"的甬菜调鼎之法，在这道"咸齑大汤黄鱼"的烹制中，体现得淋漓尽致。取逾斤重的大黄鱼，在鱼背上轻轻划几道口子，用少许猪油略煎一下，加水，再放入邱隘产的雪里蕻咸齑，大火加盖烧，慢慢熬出乳白的汤头。煮这碗汤时，汤要大，配上酸汪汪的邱隘咸齑，鲜咸相互渗透，造就醇厚之鲜味。吃时舀了一碗再一碗，那才过瘾，这是宁波人最地道的吃口。

3. 腐皮包黄鱼

又是一道以黄鱼入馔的甬菜，是由新鲜的净大黄鱼肉与豆腐皮油炸而成。其状形似杭帮名菜"炸响铃"，里馅取黄鱼肉，比猪肉馅更鲜美。油炸之后，新鲜黄鱼肉鲜嫩无比，把宁波人"略加讲究"的饮食观，刻画得细致入微，丝丝入扣。

炸制腐皮包黄鱼，选材是关键，必须选用新鲜大黄鱼，宁波人谓之"热气货"，冷冻的一概不用。剔净鱼骨鱼刺，切成小长条，选用浙东优质豆腐皮，湿布返潮，将鱼条包入其中，切成均匀的小段，入锅油炸至金黄色捞出装盘。此菜色泽金黄，腐皮酥脆，鱼肉鲜嫩，趁热佐以米醋蘸食，伴酒下饭皆妙。

4. 苔菜小方烤

以苔菜入馔，譬如"苔菜拖黄鱼""苔菜小方烤"等，极具宁波地域特色，别处难寻。苔菜色泽翠绿，有股特殊的香气，鲜咸可口，

令人食欲大开。烹制“小方烤”，是将带皮五花肋条猪肉切成小方块后过油，然后加入绍酒、酱油、红腐乳汁（南乳汁）、赤砂糖等佐料，煮沸后改用小火焖至酥烂，最后收浓卤汁。

将干苔菜拣去杂质，扯成小段，入油锅速炸至酥，立刻捞起盖在“小方烤”上，撒少许白糖即成。此菜色泽艳丽，红绿相间，咸甜相共，酥糯相济，风味别具一格，且物美价廉，最宜下饭，极受坊间食客的推崇。

5. 火踵全鸡

早些年，宁波人请客待亲的宴席上，少不了一盆“火踵全鸡”来

压阵。顾名思义，此菜由金华火腿和本地土鸡组成，火腿咸香，鸡肉肥嫩，是宁波人烹制“田菜”的代表作。这道老菜，形美酥嫩，原汁原味，健脾补虚，营养甚是丰富。

选用农家当年的新母鸡，宰杀后放血、褪毛，将洗净的肫、肝填入鸡膛，与火腿片一起焯水。取大砂锅一只，竹筷垫底，鸡腹朝下，加入姜片、葱结同大块火腿摆在砂锅内，舀入清水炖煮至酥烂，然后取出大块火腿，切片置于鸡背上，加入碧绿的小青菜叶，焖煮片刻，即可上桌。主人打开砂锅盖后，惊艳的卖相，往往令食客失声赞叹。

6. 荷叶粉蒸肉

菜帮与商帮，大凡是交织在一起的。所谓“敦乡谊，辑同帮”的宁波会馆，随着宁波帮的发展，频频出现于各大城市，宁波菜馆随之在各地纷纷开张。如此，宁波菜与各大菜系相互交流、融通，逐渐引进了“荷叶粉蒸肉”这道名菜。

粉蒸肉的“粉”，是将宁波本地的早稻米炒熟，加入茴香等佐料，磨成粗粉。选取带皮五花肉，切成大片，加绍酒、酱油、五香粉等调料腌渍片刻，其间将蒸干荷叶泡软，随后把米粉和腌好的五花肉拌匀，用荷叶包起，置于盘中，旺火蒸2小时左右即成。荷叶清香，五花肉软糯，多夹几箸，也不油腻。

7. 锅烧河鳗

地处宁绍平原东端的宁波，河道纵横交错，城西和东乡都分布着众多江河湖泊，盛产甲鱼、毛蟹与河鳗。谈及宁波的传统名菜，人们总忘不了一道“锅烧河鳗”。此菜呈紫铜色，清丽悦目，肉质酥烂，鳗段不碎，蛋白质含量丰富，营养价值极高，是一道滋补名菜。

河鳗，必须选背黑肚白、重约一斤半的活品，宰杀放血，洗净体表黏液后，斩去头尾，切成 6 厘米长的小段（**只切断大骨，皮肉要相连**）。取扣碗一只，将切好的河鳗圈在碗中，加姜片、葱段、黄酒旺火清蒸约 1 小时后捞出，炒锅内热油烧开，将蒸酥的河鳗下锅，加酱油、黄酒、红糖后，小火焖 10 分钟左右，见汤汁稠浓，淋上麻油，装盘即成。

8. 网油包鹅肝

鹅肝，丰腴细腻，入口软糯。法国大菜“鹅肝酱”风靡全球，甬城的“网油包鹅肝”也是传统名菜，风行已有 200 多年。鹅肝重油而不腻，老幼皆喜食，亦是一道药膳，兼具补血养目之功效。

很多人不知“网油”为何物，实是一层包裹猪板油的薄膜。将鹅肝洗净去血水，切片后加黄酒、五香粉、盐调匀，略腌片刻；取“网油”一张，包入鹅肝，卷成鹅肝卷，上笼旺火蒸 5 分钟，然后再下油锅略炸，呈金黄色时捞出，切成小段装盘，蘸椒盐食之，油而不腻。此菜如今已如“广陵散从此绝矣”，见不到了。

9. 黄鱼海参

黄鱼海参，是一道羹菜。旧时，宁波人设宴待客，吃过冷盘后，热炒还未上，此时必上一道“黄鱼海参”，最能暖胃，又兼开胃之承启作用。一道“黄鱼海参”，将鲜嫩的黄鱼肉，与虾仁、海参、蛋花、火腿丁、香菇丁一起荡漾在羹里，把宁波人氤氲的老底子生活食趣，全盘托出。

这道羹，黄鱼肉和海参唱主角，若加入黄鱼肚，更是锦上添花。新鲜黄鱼肉呈蒜瓣状，海参绵糯清长，色彩淡雅，味美鲜香，还具有补肾壮阳、益气补阴、通便润燥之功效，是一道营养丰富的传统菜肴。

10. 宁式鳝丝

早春二月，黄鳝刚刚出洞，韭芽最嫩，两者都是稀罕之物。黄鳝水氽，划骨取鳝丝，需油多、火候旺，要爆炒。韭芽切段，添新鲜蚕豆瓣，炒过起浆，撒白胡椒粉，上面浇一勺热猪油，就是响当当的“宁式鳝丝”，鳝丝油润嫩滑，直吃得你口齿留香。

宁波老话“小暑黄鳝赛人参”，小暑前后，六七月间的黄鳝最肥嫩，此时“宁式鳝丝”也进入了最佳食用时节。拆骨后的黄鳝，重油烹制，趁热进食，具有嫩滑鲜香、油浸肥美的特色，宁波地方风味浓郁。

宁波汤团

众多中国传统节日里，要数春节过得最漫长。北方人讲究除夕夜里吃饺子，至于宁波人，香甜软糯的猪油汤团才是正月里的固定搭配。说起宁波小吃和特产，首先都会提到独树一帜的宁波汤团，也叫汤圆，尤其在外乡人面前，不能不推荐它。至于红膏咸呛蟹、黄泥螺则一般是宁波人的自美之物，名气远远不及宁波汤团大。

汤团，本是元宵节必备的食馔，宁波人往往等不及，馋了就亲手裹，一直有大年初一合家共进汤团的传统习俗。吃过一碗猪油汤团，寓意新的一年甜甜蜜蜜、团团圆圆。

一颗小小的汤团，已传承多年。《东京梦华录》里称它为“圆子”，《梦粱录》里称其为“元子”“汤团”。专家考证，宁波汤团大概始于宋元时期，宋室南渡后，孝宗时的大臣周必大曾作一首《元宵

煮浮圆子》,诗中的“浮圆子”,指的就是汤团,这也是汤团入诗的最早记载。

许多外行人将汤团、元宵混为一谈,实则两码事。由于南北方的不同饮食渊源,北方人做的元宵,是以馅为基础制作的,通常将制作好的馅块放入大筛子里,倒上江米粉(**即糯米粉,北方称江米粉**),晃动筛子,随着馅料在互相撞击中变成球状,江米也沾到馅料表面形成了元宵。如此做成的元宵,江米粉层很薄,表面是干的,下锅煮时,江米粉吸收水分才变得软糯。南方的汤团做法则完全不同,倒有点儿像包饺子。先把水磨糯米粉和成团,然后把馅料包入粉团中。汤团馅含水量自然比元宵多,水磨汤团浑圆而有光泽,糯而不粘牙,更受人们的欢迎。

宁波汤圆在江南一带非常有名,上海、杭州、苏州等地都有专卖店。而在宁波,以“缸鸭狗”汤团店为正宗。寻常人家过年来客人时,首先端出的就是一碗猪油汤圆。正宗的宁波汤团非得宁波人做不可,一只只手工搓成,汤团上碗后,还要放糖桂花、红绿丝,既好看,又香甜。

宁波籍的上海老报人陈诏先生,曾写过《闲话宁波汤团》一文,其中对宁波汤团制作过程的描摹,堪称经典。制作宁波汤团的糯米粉,必须是水磨的,裹汤团前一定要用布袋沥干水分。因此春节前夕,各家磨制水磨粉,也成了一道独特的风景。制馅要用猪板油,即包裹内脏连成一片的那一层脂肪,菜场肉案上,或码起或卷起,一片白花花的……

在物资短缺时期,为寻觅猪板油,吃顿猪油汤团,往往还要托

人帮忙。板油要去筋，去膜，撕成小块；芝麻淘洗后炒熟，放在石臼中反复捣细，然后放生板油、白糖一起拌和，用手反复用力捏，直到芝麻猪油捏成柔软、黑亮的一体，成馅备用。为使做成的汤圆白净，事先可将馅搓成长条，再一小段一小段捏出，放在手心里搓成大小相等的圆状。最后用沥成半干的水磨粉做汤圆时只要捏出杯状，放进芝麻馅收口、搓圆，一粒圆润的宁波汤团就完成了。包好后的汤团一个约重六七钱，整整齐齐地排在团匾里，上面盖一块潮湿的纱布。

下汤团时，也有些讲究。水微沸后，将汤团下锅，然后用饭勺不停地沿锅边搅动锅里的水，使汤团按顺时针方向转动，待汤团浮起后，两次点凉水煮沸，待第三次开锅后便可盛起食用。如开水沸

腾得太甚，抑或两次点凉水不到位，极薄的汤团皮便易破裂，黑芝麻糖猪油馅就会漏到锅里，用宁波话来说就叫作“撑船”。“撑船”破卖相，是对包汤团手艺的考验。盛起的汤团一个个浮在清透的碗里，半透明的皮里隐隐约约地透出“黑洋酥”馅心，好像在不断地流动，别提多诱人了！

吃汤团时，还须有些耐心。甬城旧俚：“拜岁拜嘴巴，坐落瓜子茶，猪油汤团烫嘴巴。”刚出锅的汤团盛在碗中，不可急不可待地囫囵往嘴里送，否则一不小心，滚烫的馅心四溅，高温的猪油馅定会烫伤你的舌尖。

稍凉几分钟后，用勺子轻轻地送到嘴边，小心翼翼地咬开一个口子，轻轻一啜，洁白细腻的汤团中缓缓溢出浓浓的芝麻馅，满嘴生津，只闻到一股浓烈的猪油芝麻香，早把减肥这回事抛到天涯海角了。且莫急，须要耐住性子吹上几口，方能吞滑入肚。

宁波人有外出经商的传统，随着越来越多的人到各地开店做生意，也把宁波汤团这种美食传到各地。位于上海老城隍庙九曲桥旁边的“宁波汤团店”是一家吃正宗宁波汤团的点心店，这里的传统汤团深受上海市民热捧，一天能卖出几千碗，宁波汤团的名气也一直在上海滩长盛不衰。

自 1982 年起，宁波汤团成为浙江省向海外出口的第一个点心品种。1997 年入选为中华名小吃。一些漂泊在海外的“宁波帮”人士，每逢佳节，总要吃一碗汤团以寄托思乡之情，咬开皮子的一瞬间，油香四溢，滚烫的家常慰藉总能勾起年少时的回忆，暂时排遣乡愁。这大概就是宁波汤团的情怀所在吧！

龙凤金团，形如圆月，色似黄金，面印龙凤浮雕，是浙东一带历史悠久的传统点心，也是宁波十大名点之一。但凡谢年请菩萨、做羹饭、敬神祭祖先、迎亲嫁娶、乔迁办“进屋酒”…… 龙凤金团都必不可少，至今仍在宁波城乡风行。

龙凤金团的历史由来，民间传说中可以追溯到南宋，是由南宋康王赵构赐名。它是否真受过康王的恩泽已不可考，多半是后人的杜撰，但龙凤金团对宁波人来说，确实是象征吉祥、团圆的传统点心。

龙凤金团，色泽如金，那金色源自松花粉。宁波人最是偏爱松花粉。清明、立夏的应时传统糕点，如“麻糍”“米鸭蛋”等都离不开松花粉。糕点滚过松花粉便不会粘连，吃起来有一股淡淡的松

花香味，那一层金黄象征着吉祥富贵，寓意好彩头。

清明前夕，是上山采松花的时节。松树花像剥去外叶的玉米棒，在墨绿色的松针簇拥下，长在树枝的末梢，要采集它并非易事。得爬上松树，坐在松枝上小心翼翼地采摘。摘来的松花先倒进旧被单裹紧，外面覆盖一层塑料膜，民间谓之“蒸松花”。“蒸”过一夜后，松花出粉量会更多，将它们倒在团箕里暴晒。若天气晴好，接连几个烈日晒过后，花粉逐渐晒下来了，整个院子里弥漫着松香。然后将杂质除去，收集起来放在锡瓶里备用。

龙凤金团按糯米四分粳米六分的比例，或干磨或水磨取粉。水磨则根据四时季节不同，下缸浸水时间也不等，沥干水分磨成粉。水磨粉口感滑腻，但气温较高时易发酸，难免有股酸汪汪的味

道，如今多采用干磨粉，经过蒸粉、揉粉等工序，直到把熟米粉团揉得没有块粒、不粘案板为止。

龙凤金团的馅子有黄豆馅、芝麻馅、豇豆馅等。制作黄豆馅、芝麻馅时，先要将黄豆、芝麻炒熟，在此过程中要密切注意炒制的时间与火候，时间过长、火太旺会有焦味；时间短、火太小，则出不来香味。炒好后还要磨成粉，与白糖或黄糖按比例混合。制豇豆馅前，先把豇豆浸水过夜，上锅蒸熟捣烂，捣成豆沙，不要留有颗粒，加入红糖，就成了黏稠的豇豆馅了。讲究一点的，还要加入适量的金橘饼、瓜子肉、红绿丝、糖桂花，每每暗含惊喜……

待三样馅料筹备齐全后，手捉一块熟粉团，与裹汤团的手法雷同，包入馅料，在金黄细腻的松花粉上滚一滚，然后把揉好的圆团放在印糕板里一压，再覆上一层金黄色的松花粉，龙凤金团就做成了。

放上一两天后，糕团遇冷变硬，也不碍事，可用平底锅烙软。金团两面变得焦黄，吃起来味道也不错。有时候，踏进宁波的乡村，道路或许泥泞，街巷或许逼仄，房屋或许简陋，衣着或许朴素，而在吃上，却没有丝毫的马虎和偷懒，便是只看着那标志性的龙凤呈祥的传统图案，就俨然一件精美的工艺品，难免会在手中端详一番，久久才会下口。

七八十年代前后的宁波人，大概都不曾忘记龙凤金团的味道。在物质并不富裕的年代，龙凤金团比得上如今最美味的甜品。尤其是红糖豇豆馅的，最受女孩子的追捧。它在嚼劲中带着松香的绵柔与清新，红糖补血，豇豆补气，由内而外地滋补着江南女孩的容颜。穿着“的确良”长大的宁波小娘，满口甜、糯、娇、嗲的吴侬音韵，又怎能忘却这龙凤金团的味道？又怎能忘记那红糖豇豆的绵长？

水晶油包

水晶油包是宁波十大传统名点之一，它是宁波城乡一带妇孺皆知的点心，历来为广大群众所喜食。由于猪板油加热后与白糖融为一体，呈透明状，犹如“水晶”，故得此名。

水晶油包香甜可口，做法也堪称精致，连带绯红的印章，更像是一件艺术品。刚蒸出的油包，一口咬下去，馅内板油粒晶莹剔透，满口流油，顿觉唇齿留香。宁波人做寿、祭祀祖先、办红白喜事时，都要定做几笼水晶油包，分送给亲戚四邻，也是一种“争面子”的点心。

“南米北面”“南甜北咸”“南糕北饼”是中国饮食文化的一大特色。地处宁绍平原的宁波，早在河姆渡时期，人们已开始栽培水稻。宁波的饮食文化充满了水稻文明的光华，出现了各种米制品，

决定了宁波传统点心以糕团居多，发酵面食较少。

宋室南渡后，江浙一带的馒头制作开始兴起。馒头是由面粉发酵而成，发面的过程蕴含发达的含义，民间取其吉利，宁波人遇红白喜事，也开始用馒头。鲁迅小说中的"祝寿馒头"，多是绍兴人的做派，至于宁波人，都做成了形似大白馒头的油包，盖上红色的吉祥字样，更添一分喜庆色彩。

早在19世纪40年代宁波开埠通商之前，宁波的点心已基本形成完备的体系，大致分为糕团、面点、粥羹等门类，水晶油包归属于面点类。旧时宁波，有不少做水晶油包的店家，最出名的还要数"赵大有"。龙凤金团和水晶油包是"赵大有"的两块招牌，无人不晓。

旧时，住在偏远山区的农民，难得进回宁波城区，偶尔进城，都要跑到赵大有的店里，以吃上几只水晶油包为荣。甬城旧俚："乡吞人吃油包，背脊烫只泡。"意思是说：乡下人没见过啥世面，口咬油包，只顾抬头东张西望，一不小心，滚烫的猪油馅就顺着嘴角流到了背脊上，烫起一个大水泡。旧俚不免有些夸张，但水晶油包的馅丰料足及受欢迎程度，由此可见一斑。

水晶油包，大概算得上宁波人最喜爱的面点。老底子的平民百姓，肚里都没油水，正因为它重油、重糖，故而能吃上一只香甜的油包也最过瘾。制作油包须选用上好的面粉，经发酵后成面团，加适量碱水揉搓均匀后，盖纱布备用。制馅的原料比较考究，与宁波汤团一样，猪板油的选料尤为关键，须将肥厚的板油剔除皮筋，切成小颗粒，再混入白砂糖、青红丝、果仁、青梅粒拌匀后，搓成一个个小馅团。面饧好后摘成剂子，嵌入馅料团揉压成扁圆状，入笼屉蒸熟即可。蒸熟后，在中央加盖红色印章，根据场合不同，年老做寿者，印上的是“寿”字；承办婚宴，印上的是双喜图案。盖上一个个绯红的印章，更添一分夺目光彩。

水晶油包一定要趁热吃，香气才会在烫嘴间流连。若凉下来，口感就会大打折扣。火热的油包刚出笼，忍不住咬上一口，又香又烫的白糖和猪油就往外溢，边吹边咬，整只吃下后，香甜依旧在唇齿间徘徊，心中顿觉幸福满满。我猜每个老宁波人，都有过被水晶油包烫过的童年，那情景，曾让好多人念念不忘；那滋味，曾让几代人魂牵梦绕。

溪口千层饼

外地游客到宁波，大概都会去奉化溪口名胜区。溪口是千年古镇，武岭扼于镇东，剡溪流经南麓，丛山环抱，曲径幽回，宛若一个世外仙境。它又是蒋氏故里，蒋介石三次下野期间，溪口小镇一度车水马龙，冠盖如云，军政要员频频来此造访，俨然民国政坛的中心，为溪口平添了几分人文色彩。游客置身溪口，饱览如诗如画的风景、感受浓郁的民国风情之余，品尝一块充满了家国情怀的溪口千层饼，一定别有一番感悟！

千层饼是溪口的百年名点，俨然溪口饮食文化的一个代表。它与水蜜桃、芋艿头合称“奉化三宝”，闻名于世。穿过武岭门一路向前，沿街现做现卖的店铺一字排开，“王毛龙”“蒋盛泰”“王永顺”等大大小小不下几十家，一个个烘瓦缸，古香古色的匾额，让人恍

如置身在久远的民国时期。那些热情的店家，会递过来一块块刚出炉的千层饼，游客驻足尝味后，还可现场参观千层饼制作的全过程，得到味觉与视觉的双重享受。

查阅奉化地方志，千层饼由溪口人王毛龙于清光绪四年（1878年）始创，已有一百多年的历史。早先溪口民间盛行咸光饼、和尚饼，王毛龙制作的饼刚开始称为酥饼，生意平平。传说有一次王毛龙乘船沿奉化江去宁波进货，原本想进菜籽油，却误进了一批麻油。那年头的小车麻油质地上乘，他将错就错，索性试着用菜籽油混合麻油来做酥饼，又加入奉化莼湖产的冬苔，如此改进后的酥饼出炉时异香诱人，层层酥松，“王毛龙”的名头一炮打响，饼店生意一下子兴旺起来，而酥饼自此改称“溪口千层饼”这一雅号。

溪口千层饼外形四方，内分 27 层，层次分明，颜色金黄透绿，口感香酥松脆，甜中带咸，咸里带鲜，风味独特，食后口齿留香。它那独特的风味，离不开其精细的工序。千层饼的选料十分讲究，精选地产小麦粉、菜籽油、小车麻油、严州白芝麻、冬苔菜等，之后须经蒸粉、擀粉、筛粉、擀糖、筛糖、制馅、包皮、卷条、擀饼、排饼、刷水、撒芝麻、烙饼、搁酥等十几道工序才能完成。

“糕贵乎松，饼利于薄。”采用原始瓦缸和无烟木炭烘烤出的千层饼，又薄又脆。由于采用本地冬苔菜做配料，其色泽嫩绿，有种特殊的海洋气息。千层饼全用素油制成，既迎合现代人的养生理念，又带有一丝禅意，深受包括佛教信徒在内的大众的喜爱。背井离乡的海外游子尤爱溪口千层饼，一盒千层饼，足以慰思乡之念。

蒋孝严偕夫人回溪口祭祖时，对家乡的千层饼情有独钟，一饼在口，家国情怀徐徐而生……1986年，西哈努克亲王和夫人来溪口观光时，吃后连声赞好，念念不忘。

目前，溪口镇制作千层饼的店铺繁多，几乎家家都是现做现卖，包装也越来越精美。据悉，2008年，奉化“王永顺”千层饼被认定为“浙江老字号”；2012年，奉化市科技局、民政局正式批准成立奉化溪口千层饼研究所，它是宁波首家“老字号”工艺研究所，在国内也属罕有。号称“天下第一饼”、独具宁波风味的千层饼，得到了更好的延续和发展。

豆酥糖

豆酥糖，“名似糖实非糖，形似糕实非糕”“黏中带粉，粉中带块”，是一种糕糖结合的宁波传统小食。它，黄豆香味浓郁，香甜可口，松脆无渣，入口即化，食后口齿留香，回味无穷，在浙东民间流传久远。宁波慈溪的师桥、长河、宗汉等地出产的“三北豆酥糖”，余姚出产的“陆埠豆酥糖”，在国内外都有较高声誉。

豆酥糖的历史悠久，早在清咸丰七年，陆埠镇泰丰南货店已生产豆酥糖，到光绪年间，陆埠“同昇”“乾丰”“永丰”“正大”“陈永泰”等南货店相继生产经营豆酥糖。民国时期，有报纸报道陆埠豆酥糖远销南洋等地，闻名海内外。

新中国成立后，陆埠豆酥糖和师桥、长河、宗汉等地生产的“三北豆酥糖”并驾齐驱，“沈永丰”和“义生”两块牌子，在上世纪 50 年

代的上海、杭州等地盛名不衰。1954年，陆埠从慈溪划归余姚后，政府组建成立陆埠食品厂，老字号纷纷加入，陆埠豆酥糖在传统特色基础上又有新的提高。20世纪90年代食品厂转制后，呈个人分散生产经营状态。如今镇上有家“恒昌”，豆酥糖口感纯正地道，非常出名。

在浙东四明山一带，秋收的黄豆色泽锃亮、豆香浓郁、粒粒饱满，是制作豆酥糖的上等原料。将黄豆筛过炒熟去壳，研成细细的黄豆粉，以黄豆粉、米粉、砂糖三等分拌匀做豆酥粉（俗称“三择头”）。热锅内添适量菜籽油、白砂糖，温火熬制成饴糖，趁热置于案板上，混入“三择头”，用擀面杖擀至皮状，如此往复折叠三次，加入适量芝麻屑，经过折层、切块、成型、烘干等程序后即成。其中饴糖的投放是整个制作过程中最关键的一个步骤。饴糖放得多，会出现粘牙的状况；放得不够，不能将各种配料粘在一起，如一包散沙。

一块纯正地道的豆酥糖，须有“手拿不碎、入口即化、嚼之不粘牙”的境界。地道的豆酥糖选料尤为讲究，做工堪称精细，磨粉、放饴糖、揉捏粉、擀粉团、放芝麻、折层、切块、成型、烘干、包装、入箱等十一道工序，环环不能疏忽，包上一层白纸后，恰有如民国旧物般的朴拙意味。

古往今来，偶尔有些店家偷工减料图省事，往往最终砸了自家的招牌。宁波人生来就有一张衡量它的“金嘴”，终究是瞒不过的。打开那四四方方棱角分明、厚薄均匀的小白纸包，一股浓郁的豆香扑鼻而来，一只手兜着打开的纸包接在下巴下面，用另一只手的拇指和食指撮起一小块放入口中，一不小心被黄豆粉呛到……这样的情景，会勾起多少人的回忆？

上世纪40年代，原籍宁波的上海女作家苏青，曾以深情的笔触，回忆幼时夜半与祖母在被窝里同吃一块豆酥糖的情景。那温馨的画面，让人不忍惊扰……看似“草根”的豆酥糖，最近上了央视，余姚当地还把陆埠豆酥糖作为非物质文化遗产给保护起来，这一切都让人感觉美好。

馒头，中国的传统面食之一，是用面粉加水，发酵后蒸熟而成，口感松软，营养丰富，是北方人餐桌上必不可少的主食之一。中国幅员辽阔，“南米北面”是中国饮食文化的一大特色。地处长江中下游平原的宁波，自河姆渡时期就以稻米作为主食，会动脑筋的宁波人，将甜酒酿或酵母拌在米浆里使其发酵，再蒸制，发明了口味独特的“米馒头”。

米馒头洁白如玉，软糯香甜，有柔韧的口感和微微的酒香味，在宁波城乡广为流传，尤以象山九顷村的米馒头最为出名。米馒头位居象山十大特色名点之首，九顷村的米馒头制作工艺 2008 年被列入宁波市非遗名录，过年蒸几笼米馒头，是当地的一个传统习俗。

江浙一带的馒头为北人遗风，馒头发酵的过程蕴含发达的含义，民众取其吉利，江南人做红白喜事，除了糕团外也用馒头。追溯米馒头的历史，民间传说是南宋孝宗的恩师史浩，为孝敬其母派人研制成米馒头。史老太太笃信观世音菩萨，喜食供过菩萨后的馒头，由于年事渐高，牙齿松落，嚼不动面食，史家的大厨们开动脑筋，将甜酒酿拌在米粉中使其发酵，再蒸制，呈蜂窝馒头状，米馒头由此而来。传说史浩曾将米馒头带往临安给宋孝宗品尝，孝宗吃过后连连称赞，米馒头自此扬名。

要做好米馒头，对大米的质量要求甚高，要选用上好的粳米，而且必须是新米。陈米做出来的馒头不地道，要么偏酸，要么不糯，口感也不好。将泡过夜的粳米磨成米浆，米浆中加入甜酒酿、白糖，让米浆自然发酵。加入甜酒酿后，有一股淡淡的酒香味，比用干酵母更胜一筹。有经验的行家，会兑一些前次发酵过的陈米浆，以加快米浆的发酵速度。

待酵头起得恰好，用小勺舀浆手工搓成一个个圆圆的生坯置于蒸笼内。一笼搓好，先不急于去蒸，锅内添温水，将笼屉架在锅上，让生坯再次发酵，此番“二次催酵”后，米馒头会更加香甜松软。最后改用大火蒸上7~9分钟就可出笼。蒸好后在馒头上面敲上小小的红印，两两一对合成圆状，蕴含“好事成双”之意。色香味俱全的米馒头不加糖精、小苏打、防腐剂等添加剂，乃是纯正的天然绿色食品。

宁波沿海盛产苔菜，冬春季采集晒干，清香味浓。富有创意的宁波人将米馒头两面煎黄，撒入苔菜末和白糖。一撮翠绿的苔菜与焦黄的米馒头喜相逢，甜中带咸，咸里透鲜，成为独特的“苔菜米馒头”，开创了吃米馒头的新境界。但对于土生土长的老宁波来说，三伏天里冷吃米馒头和灰汁团，配上一碗加了冰糖的绿豆汤，才算是地道！

定胜糕，曾名“定榫糕”，因其状如“榫”而得名。定胜糕始于南宋，在江南一带分布甚广。旧时宁波，凡家中添丁、赶考、上梁、中举、婚嫁等，都有吃定胜糕的习俗。“南吃甜，北吃咸”，因着甜淡的口味，香甜细糯、松软的口感，定胜糕一直为甬城人民所喜爱，甬城“赵大有”“梅龙镇”等老字号糕团店均有出售。

定胜糕，添加了一些红曲粉，所以颜色绯红，传说是南宋时百姓为鼓舞岳家军将士出征而特制的，糕上有“定胜”两字，象征着凯旋。定胜糕外层是精制的碎香米和糯米粉，米粉细而均匀；里面是掺有熟猪油的豆沙馅，混有少量白糖和桂花。刚出笼的定胜糕香喷喷、热乎乎，咬一口，软软糯糯，甜甜的豆沙馅也随着流出，猪油丰腴滋润，豆沙甜糯绵长，米糕清香松软，那美妙的口感是难以用

笔墨形容的……

定胜糕的做法传自南宋时期的杭州，流传至浙东宁波一带已近千年，其工艺和配料未变，做法愈加精细。先把糯米和晚稻米干磨成米粉，将粗糯米粉、粗粳米粉按四六的比例一起放入木桶内拌匀，加入温水、绵白糖、红曲米粉搅拌。温水的分量是做糕成败的关键。水多，糕粉太湿，易粘成块团；水少，则糕粉成沙。最理想的状态是把糕粉摊在掌心后，“聚则成团，摇则松散”，这样的比例是最好的。

将糕粉静置8小时左右再次过筛，拌入糖玫瑰屑。在糕模内垫入一块小竹板（考究点的用铜片），先向糕模里撒一层糕粉，放入豆沙、板油丁，再铺满糕粉，刮平，想要考究些，撒上一把松子仁或瓜子仁。在蒸锅里放入半锅清水，烧沸后将焖桶放上，再把糕模放到焖桶上，蒸至热气透足，熟后从糕模里将糕倒出即成。

在宁波的糕团店里，与定胜糕如影随形的，就数“黄南糕”了。蒸黄南糕的米粉中不拌入红曲粉，而掺入大量的黄糖，所以呈亮泽的焦黄色。黄南糕实心无馅，黄褐色的质地里，隐着纤细的纹理，颗粒均匀，口感细润，吃在嘴里有一种甜软柔糯的感觉，尤其受老人推崇。

有些糕团店，做定胜糕的模具可谓古董级别的，由整块的黄杨木雕刻而成，其状大多如“榫”，也有空心的寿桃、如意、梅花等形状，蒸出的糕更为精致耐看。如今“定胜”二字已省略，店家多用规则的八角茴香做印章，蘸红印盖在糕面上，又是锦上添花了。

长面

长面，应该每个宁波人都吃过。宁波人偏爱“咸下饭”，不擅甜食，仅有少数糕团是放糖的，如黑洋酥、宁波汤团、浆板圆子等，另一样就是长面，常用赤砂糖，还可添加桂圆干、鸡蛋等，养血补虚。在制作方法和文化内涵上，宁波长面都带有明显的地域特色。

至今，宁波民间还保留着产妇吃长面的传统。妇女生产完，身体极度虚弱，食长面既助消化，又增食欲，无疑是坐月子的饮食佳品。宁波产妇坐月子，每天上下午雷打不动，各一大碗长面，而且还得夜宵加餐，连续一个月吃下来，体力恢复，奶水充盈。

长面，宁波话音同“长命”，故老人做寿时，更是少不了吃长面，寓意平安健康，添寿多福。家人会特别关照做面师傅，叮嘱是“做生”用的，做面师傅就会把面拉得特别细长，寓意“长命百岁”。做

寿后，寿星的家人会把长寿面一绞一绞分送给邻里，以讨口彩。

长面制作工艺十分讲究，须选用上等精面粉，配合素油、晒海盐等纯手工制作。经过揉粉、闷缸、搓粗条、揉细条、盘缸、闷箱、上架、拉长、分面、晒面、收面等十一道工序，最后才藏于市井人家的铁皮箱内。在高桥镇芦港村，几乎家家都会做长面：几个两米来高的木架子上，一根根“粗筷子”插在木架横梁上的小洞里，一排排木架上，挂着细如松针的面条，一直拖到地上……长面师傅仿佛舞台上的演奏家，熟练地拨动着琴弦，微风过处，犹如一道道白色珠帘摆动。

长面的煮法，极具宁波地方特色。首先要“拔汤”：将长面放在热水中稍煮捞出，然后用冷水一冲，用手轻轻搓洗，沥干水分放在碗里候用。“拔汤”的作用有两个：一是褪去长面内的盐分；二是清洗，露天晾晒的长面，难免沾上灰尘，故不可省略此步骤。“拔汤”后，在滚水中放进红糖和备用的长面稍煮，捞到碗中，即可食用。若加桂圆、鸡蛋更妙，兼具养血归脾、补心安神的食疗功效。趁热吃上一口，细、白、韧、滑的面条尽在舌尖舞动……

很多宁波的已婚男人，大概还有这样的记忆：那时，你和她相识相恋，火焰般的恋情，也不惧冬日夜晚凛冽的寒风，你和她手牵手，一路陪她走到寂寂无人的巷尾，还依依不舍，不肯告别。未曾谋面的“丈母娘”听到声响，招呼你进屋，也没几句话，一会儿工夫，捧来一碗冒热气的红糖长面，上面铺着两个水潽蛋……那个温暖的画面，你肯定记得一辈子！

过宁波城南8公里，就是鄞西的高桥镇。镇名取自建于宋徽宗初年的高桥。古镇人文遗迹众多，著名的“梁山伯庙”就坐落于此，高桥镇自然也是中国古代四大民间传说之一《梁祝》的发源地。除却人文古迹，高桥一带的长面，在浙东地区更是远近闻名。它曾作为宁波的知名特产，驰誉沪杭一带。上海的一些老字号、南货店都把长面作为宁波土特产上柜展示。如今，长面制作手艺已列入宁波市非物质文化遗产名录，想不到那一束束手工长面，竟有如此之造化。

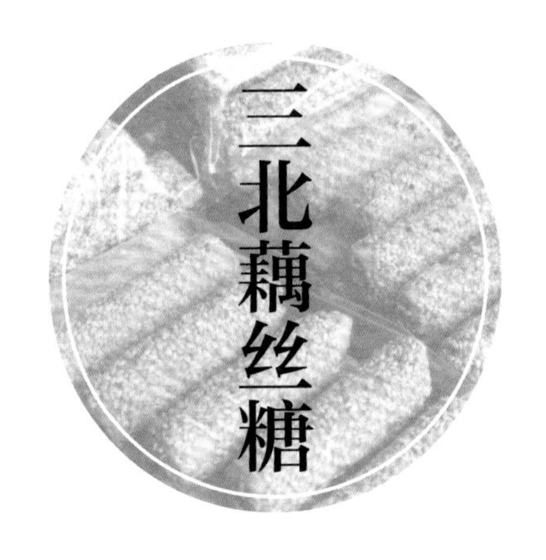

三北藕丝糖

多年前，记得作家汪浙成写了一篇散文，名字叫《慈溪的故事》。文中写道：“小时候，听母亲讲慈溪的故事：从前有个叫董黯的青年，很孝顺他妈妈。他妈小时候得下宿疾，要喝大隐山里流下来的溪水。董黯于是在溪边盖了间茅屋，把妈妈接了过来，让她每天都能喝上清澈甘甜的溪水。日子久了，人们就以慈名溪，后又以溪名县，把那地方叫作了慈溪县。”

想必作者听这故事时，手里还握着一根三北藕丝糖。藕丝糖，色白如雪，长约手指大小，中间有一圆孔，周围皆密密麻麻的小孔，酷似一截断藕。它以本地隔年陈糯米为主料，辅以白芝麻和麦芽糖精制而成。香甜松脆，酥得一嗑牙便猝然碎成齑粉。满口的香甜，在齿颊间弥漫开来，久散不去。重翻这篇引人入胜的散文，倒让我

寻思起这三北藕丝糖的来历了。

三北藕丝糖是一种与“三北豆酥糖”齐名的慈溪传统糖点，它的产生与慈溪沈师桥有不解之缘。沈师桥位于慈溪观海卫镇的东面，村内河道纵横，水路交错，依山傍水，风景如画，春来五磊山苍松翠柏，秋至白洋湖烟波浩渺。

南宋有位名叫沈恒的人，他德高望重，辞官隐居此地后，在其私宅“海隅书屋”兴办义学，因见村前无桥，行人与求学者往来不便，便慷慨出资建桥。村人感念沈恒功德，便以“沈师桥”命桥名。后来又以沈师桥为村名和镇名。清代中期，以沈师桥为中心的三北两岸，人口密度增加，经济日趋繁荣，手工业逐渐发达，集镇初显规模。“十里行人问沈师，万家烟火路交通”是对当时沈师桥的真实写照。

时至清代雍正年间，慈溪沈师桥有位叫沈永年的糕点师傅，做得一手好糕点，他不断创新，制作出了一种外形为柱状，粗细如孩童中指，长不过三寸，似糕点又似糖的食品。折断看横截面，在这细细的柱状体里，整整齐齐排列着数十个细孔，活像被拗断的藕，后人就把这种食品称为藕丝糖。因沈师桥地处慈溪"三北"地区，所以又称之为"三北藕丝糖"。

三北藕丝糖问世以后，声名远播，很快传到京城。京畿大臣尝过慈溪人带去的藕丝糖后，赞不绝口，顺便敬献给慈禧太后，随即被列为"御食"，责成慈溪县每年向朝廷进贡。自此，三北藕丝糖的名声遐迩皆知。1905年，旅居日本、被尊称为全国办学三贤之一的爱国华侨吴锦堂先生回故乡慈溪探亲，返回日本时，他带了一些藕丝糖。恰逢日本天皇大寿，在送贺礼时，吴锦堂特地送了几盒三北藕丝糖。皇族众人尝过后都齐声称赞，不少日本商人便相继到慈溪订购，三北藕丝糖从此名扬东瀛。

如今的三北藕丝糖，质量在原来基础上得以进一步提高，严选本地糯米、优质麦芽饴糖、严州白芝麻、绵白糖等原料精制而成。制作过程一丝不苟，严格限定温度、燃料、揉坯的速度和力度，规范的制作流程不断促进品质的提升。海外"宁波帮"旅居世界各地，许多背井离乡、浪迹天涯的游子，咬上一口这三北藕丝糖，也就想到了遍地稻浪和盐碱棉花田的故乡。

浆板圆子

宁波老话所说的“浆板”，就是甜酒酿。甜酒酿历史悠久，大概是米酒的雏形。《说文解字》中有记载：“古者仪狄作酒醪，禹尝之而美，遂疏仪狄。”其中那“酒醪”就是甜酒酿。它是一种广泛流行于中国各地的小食，味道甜、有酒味，因地域不同称谓各异，如作“醪糟”“江米酒”等，湖北著名的“孝感米酒”也属甜酒酿一类。

旧时，逢西北风起，新收的稻谷已入仓，丰衣足食的农闲时节里，宁波的主妇们开始搭浆板。搭浆板时，要先把糯米浸过夜后蒸成干饭，然后将米饭晾在团匾上掏松，不断地拨弄，使饭粒分散。当糯米饭还留有一点温热时，按一定比例拌入发酵用的“白药”，随后装入干净的瓦甑里，以手掌轻轻压实，在中间挖一个小小的坑洞，盖上盖子。将这只瓦甑放进四周围着稻草的竹箩内，用大棉被

裹住捂起来。几天后,“白药”产生了转化的灵感,浆板窝香气四溢,又香又甜的“浆板”就可以出窝了。捂透的“浆板”,拿起小勺挖上一角,闲来做小食也清新可口。

搭好“浆板”,就可以做一道传统浓郁的宁波小食了。说“浆板圆子”是宁波的古早味儿,一点不为过。这碗点心,上至耄耋,下至“缺牙龙”的孩童都交口称赞。正如宁波汤团粉一样,做圆子的水磨糯米粉工序最是繁杂严谨,独具宁波地方特色。家中偶有来客,家宴过后要备点心,主人家往往煮一锅“浆板圆子”,这对于许多老宁波来说,都是得心应手、游刃有余的。

取水磨糯米粉兑水揉捏,搓成小拇指粗细的长长一条,用大拇指和食指摘成一小段,轻轻一捏,便成了实心无馅的一粒圆子。锅内的水煮沸后,铲入“浆板”,下入圆子,锅内圆子浮起时,淋入打散的蛋液。讲究一点的,出锅前撒入枸杞子、糖桂花。若要汤羹稠滴一些,可掺入水淀粉或藕粉起一层薄浆,那样的话,色泽会亮一些,更能勾起食欲。

北人若寻味江南,点题的往往是一碗软糯的甜点,至若宁波的浆板圆子,尽显江南人的精巧细致。犹记白衣年少时,逢年过节逛完大街后,大人往往带我去“缸鸭狗”“城隍庙”,吃上一碗软糯香甜的浆板圆子。虽北风凛冽,那一碗浆板圆子,却能将你吃得鼻尖冒汗。瓦甑里浆板醇厚的味道穿透岁月雾霭,依旧清晰可辨,令人记忆犹新。即便是不起眼的一小口,亦足以慰藉江南那漫长而湿冷的寒冬。

市井之味

市井大概就是江湖之远、人间烟火。世间百态，人生百味，居家料理，日子过得老练，各家有各家的门道，大饼、油条、粢饭、豆浆『四大金刚』的香气弥漫在街头巷尾。早餐泡饭最省事，午后总把生煎馒，吃惯了浓油赤酱的烤麸、烤菜，一辈子也改不了口。

泡饭

泡饭，亦称汤饭，是宁波一带常见的主食，多用来当早饭。泡饭与粥是两码事，粥是由生米熬成的，泡饭与粥不同，由隔夜的冷饭粒加水煮成，它非但全无粥的那种黏糊和缠绵，反而条理清晰。早餐吃泡饭，作为宁波一带由来已久的民俗，至今仍然常见于普通人家。

有人考证，泡饭最早可能诞生于五代，其学名曰“水饭”，五代南唐刘崇远《金华子杂编》中有“水饭”的记载，真假如何，不得而知。至宋代，“泡饭”一名已正式面世，吴自牧的《梦粱录》和周密的《武林旧事》两书中都曾出现。一碗热气腾腾的宁波泡饭，从一个侧面反映了甬城的饮食文化，悉心考证一番，里面包含着许多复杂的经济、文化、思想信息。

宁波人对于泡饭，总是情有独钟的，几乎每个宁波人都是从小吃泡饭长大的。无数个清晨，老墙门内的主妇们揉着惺忪的睡眼，穿着睡衣，踏一双拖鞋板，晃晃悠悠下楼来到灶跟间，捅开封了一夜的煤球炉，坐上一个钢精锅子，取下吊在灶梁顶钩上的“饭篮筲箕”，抓入几块隔夜的“冷饭娘”，倒入热水瓶中的开水，盖上锅盖任其滚煮，然后忙着去倒马桶…… 这画面，在上世纪宁波的市井里弄，随处可见。

全家人洗漱完毕，钢精锅子里的泡饭已煮沸。但这一过程，宁波人不说“煮”，而谓“放”，唤作“放汤饭”，老百姓更喜欢将泡饭称作“汤饭”，显得亲切。听着半导体里的“新闻和报纸摘要”，全家人捧起一碗热乎乎的泡饭，就着酱菜、霉豆腐、“续落羹头”隔夜菜，可丰可简，奢俭由己，荤素皆宜。

有时，难得有碟苔条花生米，抑或咸呛蟹、黄泥螺，那可是要再添一大碗了，一家老小呼噜呼噜地吃得热火朝天，浑身每一个细胞都跟着神清气爽起来，直吃到脚底心也微微冒汗，钢精锅子中一粒饭也不剩。

早餐吃泡饭，除却省米、省火、省菜，还省时间。它不像粥那样要小火慢慢“熬”，只要沸水一滚，即可食用。早些时候，稻米紧缺，甬城百姓早餐吃泡饭，仿佛是在自觉地执行粮食“紧缩”政策，也节省了家庭的开支。

说到底，泡饭就是回锅饭，汤是汤，米是米，清清爽爽的。省时间，就意味着省煤气燃料，水滚后就可上桌，所以有些外地人难免要讥笑一番，常鄙夷：宁波人早餐一碗水泡饭，几分钟内便可搞定，

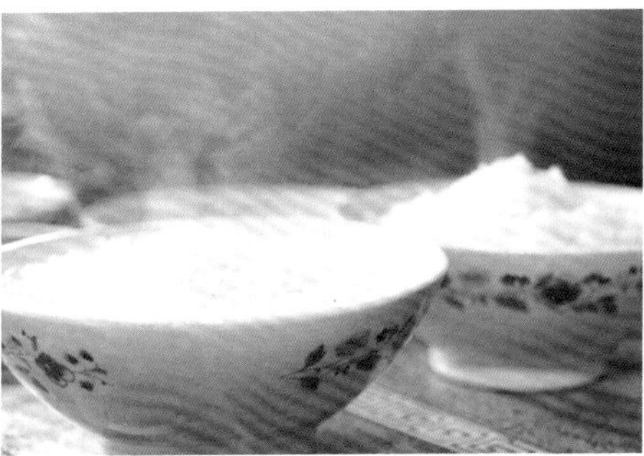

真是省到家了，吃了就饱，撒一泡尿就觉得肚皮瘪兮兮的，不到中午就要闹肚饥。说省吃俭用的宁波人是最会“做人家”的，谓之小气矣。

泡饭，若要“放”得好吃，也是要花一番功夫的。旧时没有冰箱，隔夜的冷饭，容易变馊，宁波人会把吃剩的饭倒入竹篮，宁波老话谓之“筲箕”（一种竹编的淘篮，上面有环形柄，有盖），吊在灶梁头顶，或挂在窗口通风处过夜，以防剩饭变馊。

用“筲箕”冷饭来放泡饭，其味道与冰箱储存的剩饭有天壤之别。吊过的剩饭，风干了一些水分，放泡饭后，表面黏，内里糯，米粒光滑，如珠似玉，已臻内外兼修之境界，趁热啜上一口，饭粒会自动往喉咙里滑，只有尝过之人，才深有体会。

不少主妇还有“一滚头”的秘诀，即先将水煮开，放入隔夜的米饭，用勺子细细按开结团的冷饭，再次开锅，泡饭即大功告成。如此“一滚头”烧出来的泡饭，汤清、米滑，爽口至极。泡饭最忌久煮，常有忙碌的主妇顾此失彼，忘记灶头上的泡饭，使之滚了又滚，就变成一锅汤浊米糊的厚粥烂饭，失却泡饭爽利精髓，面目模糊，食之索然无味矣！

宁波泡饭虽好，却也不能独自成篇。泡饭若要吃得畅快淋漓，也要小菜配得好。这个好，并非奢侈靡费，而是繁简由己，只要符合各人的胃口，就算对路。

榨菜、咸齑、豆腐乳、咸鸭蛋是大路货色；苔菜花生、四喜烤麸、烤天菜芯则属坊间之味；臭冬瓜、苋菜管、臭芋艿蕻属“剑走偏锋”；而隔夜羹头、碗底剩的红烧带鱼冻、老油条揾酱油，则是最下饭的。

至于蟹糊、黄泥螺、鳗鲞、三抱咸鳓鱼，堪称经典，是许多宁波人的最爱。甚至有些菜，譬如鸡爪豆瓣酱、雪菜毛豆子、蒸乌贼蛋等，似乎皆为泡饭而生，生而与泡饭相逢。

吃腻清汤寡水的，偶尔换换口味，宁波人也会放一碗“菜泡饭”。将碧绿的鸡毛菜切碎，加入滚烫的泡饭中，撬上一筷子熟猪油，乳白色的小块迅速化开，滋润丰腴。许多老宁波还有在泡饭里扔进几片年糕、糯米塊、芋艿的习惯，米粒爽口，年糕软糯，锅巴焦香，惬意落胃，也有说不出的别致。有了年糕等充量，也比往常多生出几分气力。这几分气力，要帮上班族轧上拥挤的公交车，让上学的孩童做操念书直熬到上午的第四节课……

记得《红楼梦》里也有两处提到“泡饭”，一处是：“……宝玉却等不得，只拿茶泡了一碗饭，就着野鸡瓜齑忙忙的咽完了……”还有一处是“……芳官见这些菜却嫌油腻，只将汤泡饭吃了一碗，拣了两块腌鹅就不吃了……”不知道那芳官吃的汤泡饭，是否为宁波泡饭，想来应该是差不多的。不过，依着贾府的奢华，那汤不该是清水。而宁波人吃的却是“隔夜饭”加“开水泡”，真没啥营养可言。

但还有很多老宁波人，几十年如一日，保持着每天早上吃泡饭的习惯。旅居海外的“宁波帮”，天天在外应酬，铜钿多了，衣食无忧，早饭总得吃好点了吧？实则不然。你若问他什么最好吃，他往往会说还是家里的泡饭最乐胃。更有甚者，说上海人吃泡饭的寒酸气，是宁波人传过去的，孰是孰非，岂是这一碗泡饭能讲得灵清？

若是要选择一种食物来代表宁波的饮食文化，我以为，泡饭堪称翘楚！猪油汤团、水磨年糕固然好吃，唯有泡饭才是早餐的主角。从子城初建到宁波开埠，那些稍纵即逝的黯淡景致，如展开的陈旧画卷，泛着清贫的光影，而无论何时，难登大雅之堂的泡饭，历久弥新，伴着热气入口的快感，凝聚许多生活情结，滋润了一代又一代的宁波人，它是那么温暖！那么亲切！

大饼油条

曾几何时，甬城寂静的清晨，月亮仍浮在云间。此时，简陋的大饼油条店内，白炽灯已透射出一片光晕，勤劳的大妻老婆店里升腾出一股烟火，暗含着惊喜，就像一部黑白却有味道的纪录片，拉开了序幕……

无数个早晨，油在锅里沸腾，手指大小的面团，被师傅用筷子在表面轻轻压了一下后，借助两只手的力量，微微伸展了一下身段，就被师傅下到了油锅，随即变成金灿灿的油条。带芝麻粒的大饼，一个个被钳出炉膛，微微冒热气，四溢的麦香与焦气一下子飘浮到了弄堂、马路的上空……就是这一副寻常的大饼油条，让我一直吃不厌，写不厌。

在浙东宁波，大饼油条豆浆长久地支撑着人们的日常生活，一

直以来都是甬城早点中的“头牌”。早年宁波的街头，国营大饼摊头林立，随便走到哪个弄堂口，花一两粮票、几分钱，就可以吃到喷香酥脆的大饼油条。那时，人心尚古，不用担心吃到地沟油。奢侈一点的，再叫上一碗咸豆浆，既刺激味蕾，又填饱肚子，酣畅而淋漓。一天会因早晨的这个美妙时刻而灿烂。

我脑海里还依稀记得幼时早起买油条的情景：带一个钢精锅子，锅子舀满豆浆后，把锅盖反过来，架在锅子上，油条和大饼就堆在锅盖上，然后小心翼翼地端回家，一路上还得到不少街坊邻居的赞叹：“喏，这小顽，介乖哦！”

油条，老底子宁波人称其“油炸桧”。相传，南宋高宗年间，秦桧一伙卖国贼，以“莫须有”的罪名杀害了岳飞父子。南宋民众对此无不义愤填膺。当时在临安风波亭附近有两个卖早点的摊贩，各自抓起一个面团，分别搓捏了形如秦桧和其妻王氏的两个面人，绞在一起放入油锅里炸，炸出的面团香脆可口。于是，油条这种市井美食就此被发明了出来，并逐渐流传到宁波，深受人们的喜爱。

许多“做人家”的宁波人，还保留着那些日常印记：早起买菜的主妇们常会用一根竹筷子串上几根冒着热气的油条，持了在街上走，亦是甬城市井一景。买回家，撕成若干小段，一家人趁热，蘸着酱油“过”泡饭，既作早点又当菜，正是当年的美味！

非但寻常的宁波人家偏爱油条，那些老饕、食客们也对油条推崇有加。美食家唐鲁孙，每每提到故都北京的早点，就对“烧饼果子粳米粥”念念不忘，北方人所言的“果子”即是油条矣。梁实秋《雅舍谈吃》中提到的海外学人，每到台北必定制一两百副烧饼油条，带回美国放入冰箱，每天早晨用烤箱或电锅烤后食用，以慰乡思。一根根寻常的油条，于飘落在海外的游子而言，俨然蕴含些许“国粹”的意味。

油条单吃偏油，大饼单吃偏干。两者一搭配，即成流行于弄堂里巷的经典。宁波街头的大饼炉都是特制的，多是用粗粗壮壮的柏油桶改制。顶部小口，周围贴着一层白瓷砖，内腔大，底部有进风口。大饼在炉子内壁烤制，烘得恰如其分，皮脆、层次分明、有韧劲，炭火与面团相互作用，烘托出一种真正的麦香。

大饼分圆形与椭圆两种。圆形为咸大饼，表面撒芝麻，里面是猪板油和葱花。椭圆为甜大饼，馅心为糖馅，白糖在烤制过程中融化成浆，一口咬下，糖浆裹着面饼，香甜可口。甜大饼卷油条，半甜半咸的，总有些吃不惯，多数人还是偏爱咸大饼卷油条，脆的是油条，酥的是大饼。油条的脆契合大饼的酥，相得益彰，板油葱花滋味殊胜。清晨的一副大饼油条，往往会使人嚼得满心欢畅。

从国营店到“火红红”流动摊，大饼油条的魅力一直未减。我却偏爱长年累月摆摊头的夫妻老婆店，他们的摊子前都有一摞搪瓷盆，小盆内有碎油条、榨菜丝、虾皮、葱花和紫菜，再加一匙鲜酱油，随后冲入一大勺滚烫的豆浆、滴几滴小车麻油，就是味道鲜美的咸豆浆，笃笃定定地坐下来，配一副大饼油条，热量、蛋白质和碳水化合物皆全，如此搭配，最能耐饥，一个上午不会饿。而赶着去上班的人们，可没有这样的从容和福分，顾不得“雅观”，大饼对折夹一根油条，就一路疾走，一路大嚼，匆忙去赶公交车……

周作人言：“小时吃过的东西不必可口也让人回味无穷，且总

被我们奉为地道的故乡食物。”大饼油条豆浆虽上不了台面，不入风雅，但作为平民早点，它是每个宁波人小时候吃过的东西，大概也算得上宁波本土的食物，以至于大饼油条与宁波百姓的生活也密不可分了。

连宁波话里头都有它们的影子，譬如管做事拖拉、屡教不改的人叫“老油条”；人若生闷气，一副拉长脸、不高兴模样的，又唤作“大饼面孔”，如此等等。大饼油条承载太多的人间烟火味，一种挥之不去，流连在舌尖上的里弄味道，朴素而真挚。

烤麸

烤麸，之于宁波人，是一碗熟悉的家常“火工菜”。江浙一带的人，早上起来，盛一碗满满的泡饭，过一碟四喜烤麸下饭，软糯润滑，卤汁又丰厚，加上柔嫩的金针、木耳、香菇，最是乐胃！

烤麸，江浙沪地区的人是不陌生的，什么“四喜烤麸”“蜜汁烤麸”“五香烤麸”，都很盛行，凡尝过之人，无不觉津津有味，念念不忘。烤麸和豆腐干等素食相比，俨然扮演了“肉食”的角色，类似“瘦肉”的口感早已深入人心。

好多北方人，不知烤麸为何物，更不用说亲手烹饪了。有一回，我和同事外出就餐，有个东北男孩刚来宁波不久，看到菜单上写着的“烤麸”两字，迷惑不解，问同伴：“烤麸，啥玩意儿啊？”在座有位女同事调侃道：“就是你们那旮旯的红烧冻豆腐！”话音刚落，就逗

乐了周围一圈人……

事实上，烤麸不是豆制品，它跟大豆不沾边，与豆制品相去甚远，却时常在豆制品摊头销售。生麸的制作过程是一种食材转化的艺术，就是将带皮的麦子磨成麦麸面粉，用适量的水调上劲后，在清水中搓揉筛洗，分离出淀粉，留下面筋，发酵蒸熟后，成为海绵状植物蛋白制品。生麸据说是南朝梁武帝时期所创，梁武帝信佛茹素，面筋是对他胃口的。

宁波一带很少种植小麦，可人们非常爱吃用小麦加工而成的烤麸。宁波人"谢年"请菩萨、做年夜羹饭、祭祖时，都有烤麸的身影。吃烤麸，寓意在新的一年里"呼呼响，富起来"。家家户户年夜饭的餐桌上都有一碗烤麸：花生寓意健康长寿，生麸寓意生生富贵，香菇、木耳寓意吉祥如意，黄花菜取其黄金为贵之意，拥趸者众也。

宁波的“四喜烤麸”，早先以江北岸外马路的“功德林”、日新街的“同仁馆”所出最为知名。也有人称为“四鲜烤麸”。“四喜”也好，“四鲜”也罢，配料都是木耳、香菇、黄花菜和冬笋。因时令季节物料所限，也有人将冬笋改为花生米，还有人根据喜好，加入白菜帮子，据四时不尽相同。

新鲜的生麸买回来，宁波人都是用手把烤麸掰碎，不用刀切，那样烧来才入味。撕好的烤麸置于冷水锅中煮沸，以消除生麸中的酸酵味，然后用清水反复冲洗，再挤干烤麸中的水分。同时可准备好“四喜”：冬笋切件，香菇、木耳、金针、花生米等泡发，仔细的人家还会将每根黄花菜去蒂后打个单结。

锅烧热后加入大量菜籽油，油热至七成，投入挤干水分的生麸，转为中火慢慢地炸，炸至烤麸酥脆发硬时，倒出沥油，并用铲子挤压烤麸。锅内留底油，下香菇、金针、笋片等煸炒，然后加大量的花雕，倒入过油的烤麸，添茴香、桂皮等香料翻炒，添水以浸没烤麸为宜，烧开后加酱油、白糖，转小火加盖焖煮30分钟左右，然后用旺火收汁，浇淋麻油即可出锅。

四喜烤麸，虽素菜一碗，油水却足得很。既经油炸，又加以酱油、白糖烧煮，生麸吸饱了油水汤汁，故而鲜美异常，无论是用来佐酒还是用来下饭都不失为一道好菜，老少皆宜。这样一道家常小菜，处在家常与待客之间，虽不抢镜，也不寒酸，招待客人不见外，更不失礼貌，尤其受外地客人的青睐，可谓平淡之中见真情。

生麸，既可红烧，也可醉糟，而“醉麸”也是一种风味独特的佐餐佳品。其制作方法是将切成小块的生麸，浸泡于上好的黄酒中，酒中加精盐和花椒。灰扑扑的醉麸，像一块块小海绵，多少年来一直引领酱菜家族之鲜，其咸中带鲜、鲜中藏醉的口味，特别适合在吃泡饭时享用，那种糟香留齿的感觉细细品来让人很难忘记。老宁波人都认“楼茂记”的醉麸工艺最为独特，品质也最为上乘。

豆腐发霉后能做腐乳，生麸发霉，也可做成“霉麸”。“霉麸”的制作工艺比“醉麸”要复杂一些，将蒸好的生麸切成小块儿，铺在竹匾上，覆盖一层箬叶，置于阴凉处，任其发霉，差不多十来天后，加盐、调料、黄酒等封于坛中。整个操作过程都要干净，不能碰生水。一个月后，便可以吃了。霉麸清香而有韧性，咬起来更带劲，有嚼头。用来过白粥，最是可口。

市面上，也有烤麸干出售，但宁波本地人买得不多，烤麸干浸水后切成小方块烧成的烤麸，多数老宁波人是不要吃的。因为它是用面粉加工的，而宁波的生麸则是用小麦做的，嚼起来不会厌腻，口感要好得多。

我还记得考上大学的那年，9月初的开学前夜，母亲特意烧了一大锅四喜烤麸，装了满满的一大罐，缓缓地对我说：“带去吧，怕你吃不惯食堂大锅菜。”那时，我感到拎在手里的不仅是烤麸，还有母亲那慈爱的叮咛。就这样，几年大学生活下来，我不知拎去了多少罐母亲烧的四喜烤麸，也捎去了那沉甸甸的、浓得化不开的母爱……

生煎

生煎，是一道街头点心，它是江南富贵温柔之乡的风物。

生煎，无关富贵靡费。无论是住在市井里弄，还是身处窄巷高墙，吃客的成长经历，都离不开生煎摊子，看见热气腾腾的生煎包，总会两眼放光，忍不住买几只来尝尝。

生煎虽是草根阶层的食物，但总比大饼油条来得高档些，带点休闲小食的性质。寻常的宁波人家，一般都是以泡饭来做早餐的，更有极品“做人家”的，拿一块酱豆腐乳搵搵，可以吃上两顿泡饭，别说拿生煎做早饭，就是大饼油条，一年之中也难得吃上几回。早餐吃上几只生煎，又像是大户人家的做派了。

生煎店的店面，一般不会很大，往往开在弄堂口、菜场边上，或老虎灶贴隔壁，店门口立着由柏油桶改制的炉子，上面置一口铁铸

平底圆锅，店里面一张长条形的台板，几个小伙计正低头包着包子，极小的店面，被烟火熏得油腻腻、脏兮兮的，但不必怀疑，往往只有这样的老店，才能做出最地道的生煎。

生煎店里，最有人气的，要属灶头边的大师傅，他们大多生得膀大腰圆，围着油渍渍的围裙，撑开双臂，能把直径一米的平底大圆锅转上几转，浇一圈菜油，然后泼半碗水。只听得刺啦一声，一股香喷喷的热气冲天而起，无数细小的油珠四处乱飞。

当灶大师傅，都是眼疾手快的主儿，赶紧将油腻腻的木锅盖压上，再戴起手套把住锅沿转几圈。几分钟后揭开锅盖，油花嗞啦啦地欢腾而上，挥几把葱花、芝麻，那白白胖胖的生煎便出炉了，汤鲜，肉嫩，底焦脆。这种生煎店里独有的市井风情，如今是看不大到了……

生煎，需用半发酵的面团，这是关键之一。面要发得好，软韧适口，不紧不松。关键之二在于拌肉馅，肥瘦肉按三七比例搭配，掺入肉皮冻与肉糜，拌在一起。不掺肉皮冻，也得掺水，否则馅子吃起来会太干。最好再加点白糖，用来吊吊鲜气。掌握如此要点后，煎熟后的肉馅，就被一包融化了的肉汁包围。咬破皮子，卤汁立马喷涌而出，又烫又鲜，令人欲罢不能。吃完皮子再吃肉馅，最后吃生煎底板。那底板已经煎成焦黄，略厚实，硬得恰到好处，混合一点肉味和菜油香，一咬，咯嘣脆。这也是许多人偏爱生煎的原因之一。

但近来宁波本地的生煎店，大概是为了图省事，以卖锅贴者居多，索性店名也直接叫作“锅贴王”。但锅贴的味道，不能与生煎同

日而语，它像个大饺子，用死面做皮，口感自然要比生煎差。

锅贴的皮子未经发酵，面皮不会吸满汤汁，卤汁反而要比生煎多，吃时得格外小心，要小口咬开，吸光卤汁后再嚼食。经常看到穿戴讲究的小姑娘，往往不得要领，一口猛咬下去，随后“喔唷”一声尖叫，刹那间响彻店铺，不用说，那丰盈的卤汁飙得衣服、脸上都是，狼狈不堪……

记得小时候，一到周末，忙碌了一周的人们，都想买几个生煎来改善生活，生煎店门口排起一条长队。而我家呢，通常是把生煎买回去吃，这种跑腿的事情，一般是小孩子包揽的，拎只钢精锅子，兴冲冲地跑下楼去……

长龙蜿蜒着，西北风吹着，想到生煎的美味，便心甘情愿地等上半小时。最不幸的事情就是，等你好不容易快熬到了，前面的老爷爷把平底锅内所剩的生煎席卷一空，临走时，不忘给你一声抱歉：“小阿弟，不好意思喔，今朝礼拜天，家里人多！”

唉！碰到这档子“氽衷”（宁波方言，倒霉之意）事体，也只能强忍“悲痛”，迎着西北风，闻着香气，咽着口水，继续欣赏灶头师傅下一轮的炫技……

红膏呛蟹

“红膏呛蟹咸咪咪，大汤黄鱼摆咸齑……”生于东海之滨的宁波人，从小吃着鱼虾蟹螺长大。这句押韵的方言，调和着“透骨鲜”的滋味，不但传神地反映了宁波人精湛的“吃门槛”，还形象地概括了宁波人对红膏呛蟹最直观的热爱与推崇，构成了伴随宁波人一生的印记。一只咸咪咪的蟹脚钳，能过三碗泡饭，好比在讲一个“忆苦思甜”的故事，却是事实。

将新鲜梭子蟹，加盐腌制成咸呛蟹，号称“宁波第一冷盆”，是许多宁波人的最爱，无论婚丧嫁娶，抑或逢年过节办酒水，这是一道必上的冷菜。有“无红膏呛蟹不成宴”一说。无论过去还是现在，红膏呛蟹都是一道交关“上台面”“撑门面”的“下饭”。

东海梭子蟹腌透后生吃，对外地人，尤其是北方人来说，往往会大惊小怪地觉得不可理解。他们连那股生腥味都闻不惯，更甭提举箸吃了。更有甚者，将咸蟹当鲜蟹蒸，或者居然裹上面糊油炸，好端端地暴殄天物，可惜了。

"波涛于口海"的宁波人，也懒得同他们理论，从小吃红膏呛蟹长大，生来一副好脾胃，泥螺、海蜇、蚶子、蟹糊、醉虾……在宁波人的食单上，这些永远都是"咸鲜"当头，亦是冷菜中的花魁。那咸鲜的本味，不管走多远，天南地北间闯荡的宁波人都会深深怀念。

在浙东宁波，人们喜欢将梭子蟹叫作"白蟹"。有关白蟹的宁波老话很多，什么"讲讲神仙阿伯，做做死蟹一只"，白蟹已渗透进人们的日常饮食。白蟹根据季节、生长时间不同，叫法也各异。立秋后，"豆蔻年华"的"小娘蟹"，蟹盖头里虽没长红膏，却生得肥壮饱满，拣几只"脱壳蟹"，葱油、清蒸最好吃。

"秋风起，膏蟹肥"讲的是清水大闸蟹，跟白蟹不搭界。而白蟹最肥的季节是冬天最寒冷的时候，时至霜冻，西北风刮起，雌蟹开始凝膏，到了农历十二月，红膏达到最饱满的状态，这才是"红膏白蟹"。清蒸红膏蟹也很好吃，但如今价钱早已水涨船高，不再是早些年的白菜价，用来清蒸，不免奢侈，若腌制成咸呛蟹，红白相间、肥嫩诱人、咸中带鲜，蘸醋食之，令人难以停箸，欲罢不能。

红膏呛蟹，顾名思义，红膏，才是亮点。若是没有这满满的红膏，呛蟹即大打折扣。腌"红膏呛蟹"关键是选材，成功与否取决于蟹的鲜度和壮实程度。很多老宁波都擅长挑白蟹，往往无师自通，讲起来一套又一套的。

白蟹个儿大，并不代表膏多。红膏仅存在于雌蟹中，拿起活蟹

对着光一照，蟹盖两个角微微泛红的，则是红膏。红的范围越大、颜色越深，膏的质量便越好。相反，蟹角空空的，则是无膏。有时，还得翻看梭子蟹的肚脐，如果肚脐红，这蟹必定红膏饱满。若是贪便宜选了死蟹，腌制出来的肉就会比较松散，口感较差，也是得不偿失。最好选取两年以上的红膏老蟹，肉肥膏多，吃起来不似新蟹般滋味寡淡。

宁波人腌制"红膏呛蟹"的方法，家家不尽相同，路路皆通。有人直接用自来水腌，有人用凉开水，还有人喜欢加点高度白酒，各家有各家的套路与门道。要腌出鲜美可口的正宗红膏呛蟹，把握盐和蟹的比例与控制腌制时间，是至关重要的。

最简单的办法就是用饱和盐水来腌制，盐水一定要没过蟹身，把梭子蟹后背朝下肚脐朝上放置，拿块大石头压着，以免浮上来。按照个人的咸淡口味,腌制一天一夜后就可以吃了。

红膏的口感多带甜味，与蟹肉相比，多了些硬实感，稍加咀嚼，一丝咸咪咪的口感便能刺激每一颗味蕾。而蟹肉鲜甜，与煮熟的蟹肉截然不同。这种入口即化的鲜甜，没吃过的人是无法体会的。外地人难以想象只用盐和水，不需开火，就能产生如此的美味！

待客或小酌时，把腌好的呛蟹捞出来，将水沥干，置于案板上，用菜刀仔细切开来。经验丰富的人，会先把呛蟹放进冰箱里冷冻个把钟头再拿出来，冷冻后蟹肉和蟹膏会变得硬朗些，如此就方便切了，装盘上桌招待客人也整齐美观。

恰逢三五知己，咪上一口滚烫的热老酒，蟹膏挖挖，蟹钳啜啜，是何等的潇洒！夹起一块红膏呛蟹，往醋里一蘸，送进嘴巴一吸，早已涌动在舌尖底下的唾液与冷悠悠的呛蟹、浓郁郁的酒香，瞬间搅和成一股无与伦比的鲜美传遍全身，一饮一啄，细酌慢品之后，老宁波们脸泛着酡红，往往会发出感叹：喏，人生也不过如此啊……

醉泥螺、蟹糊、血蚶、生蛎黄这四小碟，是宁波人宴请宾客的海味冷盘，鲜得人掉眉毛。但北方人是碰也不敢碰的，大抵要皱眉头。这些海鲜，老底子量多价贱，如今却是水涨船高，价格不菲。食单百变，咸与鲜的泥螺、蟹糊，却维系着宁波老味道，代代传递着情感。

幼时，醉泥螺与蟹糊，如坛中之咸菜，是许多宁波人餐桌上一道不起眼的小菜，也是"压饭榔头"之一，谓其最能下饭。"醉泥螺"号称"下饭神器"，不消多说，肚皮撑破还要讨。经过糟醉的泥螺，拍点蒜泥放里面，细嫩鲜美、清脆爽口，用来过泡饭，呼噜呼噜地能吃一大碗。跑到房前屋后，掐个丝瓜叶摊在桌角吐螺壳，绿白相映成趣……

泥螺，古称“吐铁”，呈铅灰色，状如蜗螺而壳薄，粒大脂丰，味极鲜美，宜腌食之，在浙东海边滩涂广有分布。清代甬籍学者全祖望尝作诗云：“年年梅雨后，万瓮人姑胥。”言天下泥螺，以慈溪三北“桃花泥螺”为上品。慈溪沿海有大片低潮海涂，由钱塘江、曹娥江等河流泥沙驾潮输入冲积而成，土壤肥沃，东部龙山一带所产的黄泥螺最为著名。

此味只应江南有！在浙东宁波，泥螺腌制入食，以三季为佳：三月桃花盛开，泥螺壳软味美；五月梅雨淅沥，泥螺膏溢壳外；中秋桂花满地香，泥螺莹若水晶，爽脆滋味长。龙山一带所产的质量最佳，它体内无泥，头长、体黄、脂厚，味道特别鲜美，在江浙沪一带颇有名气。

泥螺除了腌醉，也可鲜食。近水楼台，一道“葱油泥螺”，当属宁波人的发明。将活泥螺用开水一烫，拌以葱花、酱油，再浇入一勺滚烫的沸油，螺壳薄如蝉翼，螺肉通体透明，形似一粒粒小琥珀，趁热食之，鲜得要起“风疹块”了。没有一点口舌功夫，外地人一般是不敢轻易下口的，牙齿和舌尖要配合得恰到好处，把螺肉吃下，将薄如蝉翼的白壳吐出，竟似口吐莲花一般。

谈到蟹糊，在老宁波的餐桌上，可与泥螺平分秋色。蟹糊在市面上多有出售，因加工过程简易，多数老宁波人喜欢自制。通常是取新鲜梭子蟹，反复洗刷干净后，掀开蟹盖头，去除肚脐、脚尖等杂物，将蟹身切成小块，撒入一定比例的食盐及姜末，用高度白酒调拌均匀，用筷子捣几下，腌制十几个小时，即成了“蟹糊”。分次取食时，酌加米醋、蒜末等调料。

最近，坊间宴席上流行“活蟹十八斩”，是另类蟹糊的吃法。将活梭子蟹斩碎，腌制几分钟后，即端上桌，食客用筷子夹起一块，含在嘴唇之间，用舌尖顶住蟹壳，嘴唇轻轻地抿吮，“嗦”的一声，一粒粒鲜美的蟹肉就顺着舌尖到了口中，细细咀嚼，清香脆嫩、丰腴可口，甜甜的蟹肉中溢着酒香，别有一番风味。吃过几块，过半天，咂咂嘴，舌尖唇边还透着鲜气！

泥螺与蟹糊，鲜咸的口味，配泡饭最相宜，好比宁波话里的“阿青”与“阿黄”，一对活色生香的“孪生兄弟”。逢年过节，以泥螺、蟹糊为代表的宁波特色菜，其醇厚的乡土味，会让外地客人眼睛一亮；宁波人去外地走亲访友，也往往会捎几瓶泥螺和蟹糊，两种甬上小海产，极受欢迎。

拖黄鱼

也许北方的雍容，隐在朱门高户的深宅大院间；而江南的巧致，却藏于市井生活中，体现于日常饮食。地处浙东的宁波，田野肥沃、河道舒展，更兼山海之胜，故食材丰富，海鲜食馔丰盈，譬如那东海野生大黄鱼，碰上邱隘的雪里蕻咸齑，就是天雷勾动地火，天造地设出一道“咸齑大汤黄鱼”，捧出了宁波菜的气场。

宁波人靠海吃海，早些年东海大黄鱼形成鱼汛，各色海鲜丰富，小黄鱼之类并不值钱。但对于那些上不了台面的小鱼小虾，精明的宁波人一样可以烹制得有滋有味。譬如那二指宽的小黄鱼，看似不起眼，宁波人拿来面拖或油煎，却是一道最为家常的美食。

如今，在菜场附近的角落里，偶尔还能看到卖拖黄鱼的摊子，价格倒也不贱。记得儿时，在老墙门的弄堂边上，总会有卖拖黄鱼

的小摊，摊主多是系着白色围兜的本地中年阿姨，煤球炉上支起一口油锅，案板上码着摘去鱼头的小黄鱼、一大盆调好的面糊，阿姨手拎着鱼的尾部，熟练地挂好面糊，将鱼拖入热锅里。

拖黄鱼，一般都是现做现卖的。幼时家中来了远客，父母都会派我去巷口买来作临时添菜。孩童时，难免嘴馋偷吃，边走边吃，端回家时，往往已所剩不多。父母看在眼里，并不责骂，只是改作冷盆，招呼客人作下酒的小菜。

拖黄鱼的制作过程并不复杂，材料新鲜是关键，最好选取鳃红、通体完整、二指大小的新鲜黄鱼，一来易炸熟，二来易入味。将黄鱼剖膛破肚，摘除内脏，去掉鱼头，沿着鱼背一剖为二，将鱼肉置于盘内，加盐、料酒、姜微腌去腥。白发面粉内加入小苏打、盐、鸡

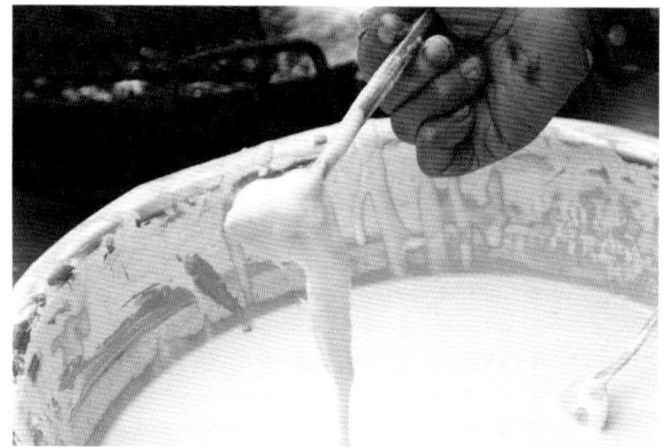

蛋、水后，搅成均匀的面糊。锅内添油烧至七成热时，手拎着鱼尾挂糊，乃是“第一拖”。挂糊之后，拎鱼尾沿锅缘慢慢放入油里，这是“第二拖”。待鱼体炸至金黄后拖出，谓之“第三拖”。经过“三拖”之后，酥脆可口的拖黄鱼就炸好了，拖黄鱼也由此得名。

苔条，这种碧绿的食材，对于宁波人来说，是再熟悉不过的。这种生长在浅海岩石间的藻类，于冬春季采集后晒干，有一种天然鲜美，清香味浓。宁式糕点和本帮菜里大量融入了苔条元素，上至宴席上的“苔菜小方烤”，下到坊间的“苔条花生米”“苔菜油赞子”，因为苔菜的加入，而更显乡土本色。

其貌不扬的苔条，能将鲜咸两味提炼得淋漓尽致。取一把苔菜研成细末，掺入面糊中，炸成“苔菜拖黄鱼”，不仅鱼肉鲜美，且苔菜香味浓郁，咸里带鲜，能还原出海洋的味道。

刚出锅的拖黄鱼外焦里嫩，微微冒着热气，以米醋蘸食，既解油腻，又化鱼腥，是老宁波最正宗的吃法。夹一块酥脆拖黄鱼，搵一搵小碟中的米醋，轻咬一口，外壳酥脆，鱼肉鲜美，细细一嚼，一酥一嫩的搭配令人回味无穷！

鱼鲞

鱼鲞（xiǎng），这个“鲞”字，有许多人不认识，其实就是干鱼制品。宁波人靠海吃海，鲜鱼吃不完时，就腌晒成干。特殊的地理环境、特定的气候条件，造就了鱼鲞这一地方特产，但凡土生土长的宁波人，大都喜好这一口“鲞”。

宁波人吃鱼，据一年四季时令不同，吃法也有所变通，所谓春季品鲜，夏天吃活，秋后嗜肥，暖暖冬日里，便是一个“鲞”字当道。海鳗风干后为“鳗鲞”，大黄鱼制成的叫“黄鱼鲞”（又称“白鲞”），乌贼晒干的是“墨鱼鲞”，河豚鱼炮制后为“乌狼鲞”，其他如“龙头烤”、橡皮鱼干之类，也属鱼鲞，风味各异。

江南宁波，冬日负暄，家家户户的窗前檐下，总会挂出一条条鳗鲞，散发着阳光的香味，传递着年节临近的讯息。不久后的年夜

饭上，有两样冷盘是必不可少的，一盘是“红膏呛蟹”，另一盘即为“新风鳗鲞”。取一段本地鳗鲞，啥调料都不加，隔水猛火清蒸，不久后香气便染透家中的角角落落。趁热将鳗皮剥去，剔除脊骨，鳗鲞肉质润软，洁白如羊脂美玉，咸鲜合一，用来佐酒，属时令货色。

鳗鲞，似乎非得自家做的才好吃，买来的总归差强人意。制作鳗鲞的鲜鳗，以冬汛中后期的为佳，此时，鱼体大小适中而丰腴，且气候较冷，又刮西北风，易于风干保存。冬至前后，将腌好的新鲜海鳗从背脊剖开挖去内脏，用湿毛巾将鳗身擦干净，取细细的竹丝将鳗撑开，挂在通风阴凉处晾干，一周后便成佳品。宁波人把这段时间晾制的鳗鱼干，冠以“新风”之名。“新风鳗鲞”肉质丰满，有“新风鳗鲞味胜鸡”之说。清蒸，不失本味，或切块与五花肉红烧，或切丝与本地芹菜清炒，开胃下饭，甚香！

黄鱼鲞，又名“白鲞”，是将鲜黄鱼剖开腌制后，晒干而成。老底子有“八月黄鱼晒白鲞”一说，苏青也在作品中描写过“八月里桂花黄鱼上市了，一堆堆都是金鳞灿烂，眼睛闪闪如玻璃，唇吻微翕，口含鲜红的大条儿……”余生晚矣！现如今，野生大黄鱼难觅踪影，即便寻得，也是天价，难入寻常人家之门，如今的野生黄鱼鲞，已成大富大贵之物了。

老底子剖黄鱼鲞有一把刃口呈弓形的刀，叫“鲞刀”，操作时，将整条黄鱼去鳞置于案板，从鱼头起剖，顺着背鳍一直贴着鱼的脊椎骨剖到鱼尾，然后将两爿鱼体扒开，挖出内脏，腌制时可撒盐，或用卤浸，然后入缸桶压实，必须压上大石块。两三个昼夜后，便会有“卤”漫出鱼面。取出，淡水漂涤去余盐，整齐地置于竹匾上，

或垂吊于竹竿下，放到太阳底下晒干。然后用甏铺上稻草贮藏之。白鲞，很咸！食用时，浸入清水中泡软后，剁成小块与带皮五花肉烧“白鲞烤肉”，或“油浸白鲞”、熬“白鲞冻”，则大家赞美的是鲜，不是咸！

墨鱼又作“乌贼”“目鱼”，实则非鱼，而是一种类软体动物。宁波周围海域墨鱼分布甚广，每年春季就可以捕捞，以尚未产卵、体质肥壮的为上品。晒干成鲞，即为“明府鲞”（螟蛹鲞），它是宁波著名海特产品，宁波古时候称“明州”，“明府鲞”为历代进贡皇家的特产。

墨鱼鲞有“一刀鲞”和“三刀鲞”之分。“一刀鲞”是将墨鱼剖开后，不破损其内脏（卵、蛋、墨囊），使之与本体一同腌制，但又不会使墨汁外流，保证鲞体的白净。“三刀鲞”是除剖腹一刀，另外两刀是剖开墨鱼左右两只眼睛，放出眼中的黑水，取出内脏，以便整只鲞干燥得更快。天气好的话，三四天后就可以晒干。然后可以装入缸或甏内，先用稻草铺垫，以防返潮。几天之后，墨鱼鲞背上会出现一层白霜似的物质，“明府鲞”就制成了。

墨鱼鲞，质韧而香，清蒸红烧皆可。清蒸时，先将鲞在清水内泡软，切块后用猛火蒸熟即成，食时手撕之。如与五花肉一同红烧，也是一道美味。将鲞浸软后切块，锅烧热后入油至八成热，放蒜末、姜末，加白糖熬成棕红色焦糖后，将肉倒入，翻炒至红色，再加酱油、黄酒、墨鱼鲞块，加茴香、盐等调料，添水熬至收汤，起锅加葱末即成。或泡软后与白萝卜一同熬汤，则汤色如牛奶一样白，是退秋季燥热的一款药膳。

每年清明前后，是河豚鱼旺发时节。河豚鱼的内脏、血液中都含有致命的毒素，处理不得当，就可能叫人送命。宁波的沿海渔民根据长期积累的经验，将整条河豚鱼从背部剖开，除去有毒的部分，将鱼肉在水中反复清洗后，撒上海盐，然后放在烈日下暴晒，就腌制成了硬邦邦、形状如树皮的“乌狼鲞”。

河豚经特殊加工，晒成“乌狼鲞”后已无毒性，是一种乡土美味，与五花肉、笋干一起红烧，堪称绝配。在一些渔村，逢年过节常用此馔招待贵客，是一碗厚道实在的美味。提前把乌狼鲞同笋干放在水里泡软，然后洗净切块，同五花肉一起放在砂锅中，加入绍酒、酱油、糖等，文火慢炖，最后收干汁水。煮一大锅，放到甑里，吃时取出一碗，浓香四溢，色泽红亮，鱼香、肉美，加上毛笋的山野气

息，三者相互交融渗透，使整道菜油而不腻，鲜而不腥，回味悠长。

除却海味，淡水鱼也可制作鱼鲞，最可称道的要属“东钱湖青鱼鲞”。东钱湖自古就是宁波的淡水鱼仓，特有的“螺蛳青”，在碧波万顷的湖中自由吐纳，不带半点泥腥气。湖里的青鱼吃螺蛳长大，肥美而珍贵，不到时节是禁捕的。每年春节临近，东钱湖边的村民们都有晾晒青鱼鲞的习俗，土生土长的青鱼制成鲞，切块蒸食，对半拗开后，肉色红白分明，富有嚼劲，越嚼越香，肉头极像火腿。

江南的冬天漫长而湿冷，和煦的阳光往往不可多得，住在北方的人是体会不到的。老天爷偶尔放晴，家家户户支起晾竿晒垫被，老墙门屋檐下的竹匾里，肯定晒着各色各样的鱼鲞，夹带着橘子皮的香气，若有似无的腥气飘荡在幽深的弄堂里……

“千张”是江南一带特有的豆制品，鲁迅笔下的绍兴人，喜欢用它做“霉千张”蒸食。上海人称它为“百叶”，老城隍庙的传统小吃“双档”就是一碗面筋百页汤。到了浙东宁波，甬城百姓唤其“千层”，可凉拌，可清炒，可煮食，最常见的就是拿它来裹“面结”。

宁波人把“千层”在碱水中泡软，裹入三肥七瘦的新鲜猪肉糜，将百页对折，把左右两角向上折起，然后滚一下，便成了一只一指长的面结，四个为一扎，用蔺草捆起来。面结是宁波本土化的“千张包”，它最早由湖州人丁莲芳于清光绪八年（1882 年）首创，以其独特的鲜嫩口感，逐渐在宁波地区流传，配上一碗热腾腾的烫面，两个油豆腐，一撮嫩青菜，就是深受宁波人喜爱的面结面。

如今，宁波的面结店，忽如一夜春风，在甬城的大街小巷旮旯

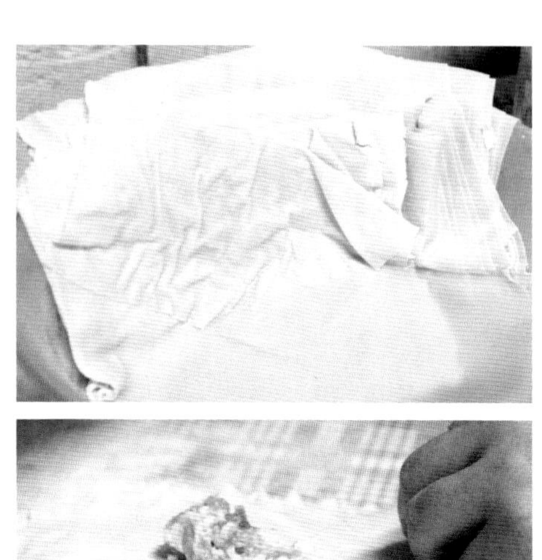

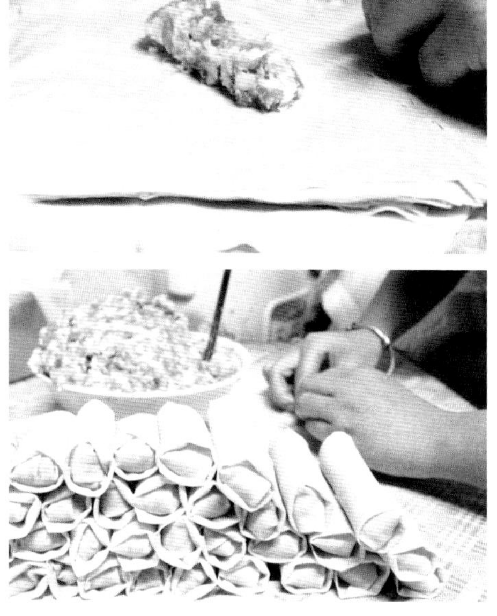

里，“千树万树梨花开”。不少店家都打着“仓桥头”的旗号，但究其正宗，大概唯有两家：一家位于江东华严街，依稀保留“国营风范”；另一家在月湖菜场旁，由海曙蔬菜公司退休的郑国美开办。其他的店，或多或少都不靠谱，若晚上七八点钟还未打烊的，大概是“李鬼”。

走近镇明菜场旁，还没踏进郑国美的面结店，先是看到吃面的长队，无论刮风下雨，队伍总是蜿蜒至十米开外。店内的食客皆鸦雀无声，各人细心地伺候着自己，沽三两老酒，慢慢品味。店门口灶上支起一口膛镬，上面浮满了油豆腐、青菜和面结，中间还浮着一大块猪板油，带钩子的铁丝小笸里装满面条，挂在锅沿。玻璃窗侧面是一只煤球炉，上面架着一只深黑色的铁锅，黄色的碱水面汤

翻滚，满脸烟色的伙计用笊篱捞出熟面条，随手扔进生面条，扯着嗓子喊：“哎！一客生面，拿去！”这原汁原味的场景，升腾起脉脉烟火味儿。

镇明“仓桥头面结”的特点在于：汤水不油腻，千层细腻嫩滑，肉馅鲜嫩丰满，两者搭配完美，吃到口中有层次感。包了近三十年面结的郑国美介绍，面结要好吃，用碱水泡软千层这一步很关键。千层有厚有薄，厚度不同，加碱量也不同，加多，易浸烂，加少了，则泡不软。尺度只有她心里有数。

斩肉馅时，选新鲜猪后腿肉，三肥七瘦，里面有点肥肉膘，口味才好。真正的老食客很少直接点面结面，都是点一碗面结汤，或加牛杂、鸭血、青菜，再叫碗“生面”。那“生面”也是宁波特色，新鲜碱水面煮熟后，捞在碗里，加酱油、葱花、猪油拌匀，吃起来特别香，若浇上一勺辣酱，更是锦上添花。

面结，加几把鸡毛菜烧汤也很鲜，可以与蛋饺相媲美。还有人拿它同咸鱼一起蒸食，也很鲜。其实我对面结还有一种特殊的感情，确切地说，是有种依赖感吧。小时候生病，当我吵闹着不肯吃饭时，妈妈就会裹上几个面结，加入油豆腐细粉，我就会咕噜咕噜吃个精光。

宁波的面结，并不华丽，也没那么大气，恰恰适合江南的小桥流水人家。旧城改造后，依然还能看到旧物。看到寻常人家，搬把破椅子坐在门口，没多时，就裹出一盘面结，每逢此时，口水分泌要比平时旺盛些……

菜蕻干

菜蕻一词，是地道的宁波话。冬去春来，大地回暖之时，菜圃里的油菜开始拔茎、抽薹，菜薹是大自然馈赠的另一种美味，而宁波方言一概称之为“蕻”，什么“菜蕻”“蒜蕻”的，而非北方人所言的“菜薹”“蒜薹”。

立春前后，菜蕻就成了当之无愧的最佳时令蔬菜。春节期间，吃腻大鱼大肉，一盘菜蕻炒年糕犹如翡翠白玉，清香扑鼻讨人爱；撕几段菜蕻，放入肉丸、蛋饺和熏鱼即成“老宁波三鲜汤”；即便啥也不放，拿来清炒炒，也略带甜味，清脆可口。

早春三月，吹面不寒的是阵阵杨柳风，感觉到处都是绿油油的，弄堂口、老墙门外，会停着几辆乡下菜农的三轮车，车上摆满用稻草捆扎的菜蕻，水灵灵的，掐一把，都能出水，连花苞都未

绽……都是极鲜嫩的货色。

几场春雨过后，随着天气转暖，地里的菜蕻一个个往上蹿，菜蕻纷纷上市，量多价贱，也到了晾菜蕻干的好时节。此时老城厢的宁波人，不若平时那样的只买一斤两斤了，而是买下半辆黄鱼车的菜蕻，不少于三四十斤，有些大户人家，甚至包下一黄鱼车的菜蕻，弄堂内随处可见乡下菜农穿梭的影子。

老墙门里的左邻右舍，似乎约定好了似的，家家户户都集中在那几天晾菜蕻。街坊邻居们都围拢在井边，吊起一桶一桶温暖的井水，边洗菜蕻，边唠着家长里短的坊间事儿。春天的井水，温润如玉，浣洗完毕，一排排的菜蕻放在篮子里，小山似的一堆，齐整整的，煞煞清爽。

男人们也没闲着，已在明堂里支起一口大锅，锅下燃起大块木柴，待水滚了，将菜蕻放入沸水，氽煮两三分钟后，菜蕻一下子就瘪、软、皱了。迅速捞起散热，三分熟七分生，用冷水冲淋一下，会晾出更绿的菜蕻干，即为头等货色。

一锅烫完，再烫第二锅，烫过菜蕻的水，渐渐带上一抹绿色，似乎把春天留在了锅里。整个墙门内，弥漫着菜蕻的清香，蹦蹦跳跳的小孩子们也学乖了，跑进跑出地帮着大人把烫好的菜蕻放在大竹匾上散热。

如果你将生鲜的菜蕻直接摊在阳光下晒成干，必定是又老又黄，不好吃。烫过的菜蕻是见不得阳光的，一见阳光就变色，拿开水一泡，不会呈现翠绿色，非但卖相不好，口感也逊色不少。

只晾不晒，才能保持碧绿生青的鲜嫩色。与其说是晾菜蕻干，

其实是阴干，屋檐下、墙头角落这些通风背阴的地方才是最佳地点。最好是刮西北风。若晾菜蕻干时，一连几天阴雨，抑或连吹东南风，菜蕻干就会发黄，可谓前功尽弃矣，只得待来年了。你瞧瞧，区区一把菜蕻干，还得讲究个天时、地利、人和。

晾菜蕻干，全家老小，个个上阵，是当作一场“战役”来打的，忙得不亦乐乎。除却清洗、汆煮环节，“工程大”主要体现在拉绳、挂晾、收干、剪蕻、包装几个环节上。

先把草绳绷在太阳晒不到、又有穿堂风的廊檐下，将烫过水的菜蕻挂在绳子上。要选择菜叶与菜梗的交叉处作为挂点，能防风吹飘落。远远望去，老人和小孩将一串一串的菜蕻递给站在凳子上的人，大家流水作业，分工有序，全是忙碌的身影。挂满屋檐的菜蕻还滴着水，散发着热气，绿油油的，雾气腾腾的，不时飘来缕缕清香。一时间，似乎宁波人把春天所有的绿色，都搬进了自家墙门。

连吹几天西北风后，菜蕻已完全阴干。一般来说，十斤鲜菜蕻才能晾出一斤菜蕻干。从草绳上取下来，捏握成把，剪成约一寸长的小段，收纳于塑料袋中，没有冰箱的年代，都是放入锡罐或“火油箱”里保存，美其名曰“万年青”，可泡汤、凉拌，也可烧肉，随吃随取。

一盘蛋炒饭、炒面或炒年糕，吃到一半，满口油腻之时，最渴望的是来一碗碧绿的菜蕻干汤。泡这汤，也不要什么佐料，只是在碗里放一点菜蕻干，洒些许盐花，开水冲下去，鲜绿的菜叶不一会儿就铺满了大碗，一股清香便弥漫开来……

真乃“臣心如水”的一碗清汤啊！啜上一小口，那清淡鲜美的味道使人满口生津，开胃除腻。盛夏三伏天，饭桌上若有这么一碗汤，碧绿的、澄清的，偶尔会有小小的蓓蕾在汤间躲藏、徘徊，浮躁的心情也随之沉静下来。

蛋饺

蛋饺，是江浙一带的家常美食。从小在宁波长大的孩子，哪怕没亲自做过，肯定也都吃过。临近年节，裹几盘蛋饺，对于许多老墙门内的宁波人而言，更像是过年的一项固定仪式，这习俗在张爱玲的《半生缘》里都提到过。蛋饺或待客送亲，或留作家用，皆宜。它不像北方人过年包饺子那样麻烦，又是和面，又是剁馅儿的，裹蛋饺上手快，省事多了。

过年前后，每家每户餐桌上都会有一大碗诱人的美食——菠菜蛋饺粉丝汤。黄灿灿的蛋饺像一个个金元宝，洁白的粉丝中衬着几棵翠绿的菠菜，冒着氤氲的香气，不禁叫人口水直咽，烘托出过年的味道。

蛋饺，只由鸡蛋、猪肉两种食材构成，简简单单、清清爽爽的。

偏偏有些宁波人，对于这种不用面粉而用鸡蛋做皮的饺子特别偏爱,和各色菜肴随意搭配,甚至觉得最好吃的饺子也比不过它。

在寒冷的冬日里，寻常百姓家的餐桌上，有时会端上一个砂锅,蛋饺必不可少,大受欢迎,吸饱了汤汁的蛋皮微微膨胀,吃到嘴里更松软,猪肉馅里浸润着汤汁,几个下肚,额头微微冒汗,喝上一口汤,掌心温热,窗外尽管飘着雪花,然咂嘴回味之际,瞥一眼那纷纷扬扬的碎琼乱玉,严寒何惧也!

蛋饺看着简单，做起来却也要费些功夫。儿时，我们都是“跟屁虫”，搬起一只方凳，坐在老墙门的屋檐下，听着半导体，笃笃定定地看大人们做蛋饺，如今回忆起来却是精神和物质的双重享受。宁波人做蛋饺讲究精致，鸡蛋必须新鲜，三肥七瘦的肉糜也要自家剁出来，裹制过程也有技术含量，不是几句简单的文字就能描述明白的。

一只煤球炉子，风门要关得很小，炉口的火只见一点暗红。大人们将使用多年的大铁勺擦得锃锃亮，先把铁勺烧热了，取一块带皮肥猪肉，在铁勺上狠狠刷上一圈，随着滋滋的声响，往铁勺里舀一调羹蛋液；轻轻地转动手腕，让蛋液铺满勺底。听到蛋液倒在滚烫的勺子上那“吱啦”一声响，小孩们就特兴奋。

提起手腕，抡着铁勺，轻轻那么一转，让蛋液在勺底铺出一张圆形的蛋皮来，且要厚薄均匀。趁着蛋液未完全凝固，夹一小团调好了味道的肉糜，放在蛋皮中央，等到边上的蛋液一凝固，用筷子尖小心地挑起一边蛋皮，慢慢掀起去盖住肉糜，将两面合拢，稍微压那么两下，蛋饺即成形。做好的蛋饺一只只整整齐齐地码在青

花瓷盘里,煞是好看。

刚出勺的蛋饺，蛋皮金黄微焦，微微冒着香气，一个个乖巧饱满，看着就让人食欲大振。物资匮乏的年代，若不是贵客登门，平常人家在一年之中也做不了几次蛋饺，所以一开始总不太顺手。倘若勺子烧得太热,蛋皮就像发水痘一样起泡,破坏卖相；油少了,蛋皮又会赖在勺子上,不成样子。如果火候和油量控制不好,蛋皮就容易做坏。而我家做坏的蛋皮，都会被我统统吃掉，我心里面甚至盼着大人们能多做坏几个。通常蛋饺做完，我的肚子已饱饱的，嘴角还挂着油花儿。

那一个个“金元宝”，也撩拨起隔壁人家的馋虫，于是乎，大家纷纷做了起来，老墙门里弄里过年的味道越来越浓。那金黄的蛋液、粉红的肉馅在暖亮的炉火上“滋滋”欢叫着，围在旁边的“小顽”“小囡”们，边看边流口水。舀点鸡汤，下点木耳、粉丝、青菜，丢入几个蛋饺煮沸，趁热喝上一碗，汤鲜料美，无与伦比。如今我偶尔烧个蛋饺汤,依稀还能想起童年里那金色的记忆。

粢饭团与粢饭糕

说实话，我们宁波人的早餐，种类不多，还是有些简单的。比较省的人家，都是清一色的泡饭作早餐，勤俭持家惯了。取隔夜的大米饭加水煮开，盛起一碗，就着黄泥螺、豆腐乳或隔夜剩菜，呼噜呼噜地吃上一大碗后，就匆匆忙忙出门上班了。

讲究一点的人家会吃点心，大饼、油条、粢饭、豆腐脑号称早饭里的“四大金刚”，算得上是平民化的早点。至于小笼、生煎、面结面，算是奢侈了。手持一副大饼油条或者一卷粢饭团去赶公交，是工薪阶层生活的真实写照，其中粢饭团以耐饥、扛饿、价格实惠的显著优势，深受老百姓欢迎。

在清晨的街头，马路边都有大饼油条摊，很多都兼卖粢饭团，锅上放置一个原木色大桶，有人来买时把桶盖一掀，解开棉布，冒出一股热腾腾的蒸汽，那糯米香气就会迎面扑来，在清冽的早晨尤为勾人。

摊贩的手上戴着塑料手套，探进桶里挖出一团拳头大小的糯米饭，摊在白毛巾上按平。问好是否搁榨菜，抓起一根刚出锅的油条一折为二，要的就是热腾酥脆，用白毛巾卷起来，抓住两端用力拧几下，打开后，一个冒着热气、呈纺锤形状的粢饭团就递过来了，手法迅速而简洁。

有时清晨起得早，出门也赶早，就慢笃笃地买了一卷粢饭团，还够时间坐下来喝碗咸豆浆或豆腐脑，那真是惬意足嘞。碗里放上葱花、虾皮、油条碎末、酱油等调味料，然后用滚烫的豆浆一冲，一口咸豆浆，一口粢饭，吃得酣畅痛快。

其实，我小时候不曾在街头吃过早点。早先一直受父母的教育，嫌路边的摊点不够卫生，自己也觉得不好意思，在大街上吃东西有碍观瞻。有时父母差我买早点，那些豆腐脑、生煎包也都用钢精锅子盛回家，吃好了才出门。

街边的粢饭团，看得虽多，真正吃到，已是成年之后。事实上，某些点心，譬如粢饭团，就一定是要在街头大嚼特嚼才有意思，一旦上了正经饭桌，吃起来反倒没啥味道。特别在冬天的早晨，踽踽独行在寒凉的晨曦里，手握一个温热实在的粢饭团，咬一口捏上几下，边走边吃，那个滋味就格外地香、格外地温暖。

形似纺锤的粢饭团，两头尖尖处，没有油条。咬一口，最先品尝到清香的糯米，几口过后，才吃到少许油条，最喜欢里面的雪里蕻咸齑，它的酸爽可将油条的油腻中和得恰到好处。满嘴的米香，

油条的焦香，掺杂雪菜淡淡的清香，好似一开篇序曲，每一口都是不同的滋味，由清淡到高潮，再由高潮慢慢收场归于平淡，意犹未尽之余，肚子渐饱……

如今，市面上流行台湾“一粒香”饭团，可以说是升级版的粢饭团，可包入榨菜、肉松、咸蛋、火腿肠等各色小菜，形色丰富，不似老早仅是油条而已。但我还是每次嘱咐摊主，别加太多料。常惹来诧异神情：居然有人爱吃白米饭。其实，淡香的粢饭团只包入油条，再舀一碗豆腐花，干湿相宜，最具滋味，也最地道。

粢饭团有个孪生兄弟，那就是粢饭糕。但它只偶尔在早点摊头露面，多于下午两三点钟出现在老墙门的弄堂口，混迹于炸油墩子、糖糕或臭豆腐的摊子里。

粢饭糕的发明，代表了江南人饮食的智慧。江南人稻米吃久了，也会翻出些花头来刺激食欲，就算是隔夜的糯米饭，或将上午没有卖光的粢饭，加点儿盐压成块状，入沸油中一炸，便成就了一道咸鲜得当的美食，在江南街头小吃中，有着不可或缺的分量。

我们宁波人喜食苔菜，这种风味独特的绿色海洋植物，时常参与宁波传统菜肴及糕点。与他处相比，宁波人最有创意，把苔菜磨粉拌入粢饭中，上午在木框子里压紧实，表面抹平。午后将框子拆散，混入苔菜末的粢饭就结成一块碧绿色的大糕。手持由青竹片、尼龙丝特制的“弓”来切糕，是宁波人的独门绝技，北方人见了怕是要叹为观止的。切好后的粢饭糕，厚薄一致，约三四厘米，看上去还是并在一起，但炸制时，一分即开。

幼时，宁波的街头巷尾，有许多炸臭豆腐、油墩子、拖黄鱼的摊子，随着“地沟油”的恐怖传闻传播，这些传统油炸点心从我们身边渐行渐远了。早些时候，大饼油条店早上卖剩下的粢饭，店家会用来做成米块，支一口铁锅，烧热大半锅油，投入生胚，油锅马上欢腾起来，汹涌澎湃。不一会儿，粢饭糕在油锅里露出金黄色一角，师傅用竹筷翻几下夹起，整齐排列在锅沿口的铁丝架子上滴油。接着炸糖糕和麻球。那香味弥漫整条弄堂，引得小孩肚子里的馋虫瞬间不安分起来……

刚出锅的粢饭糕，都炸得外脆里软，咬一口，咸滋滋的，还有一股苔菜香。四个角焦扑扑，有点硬，但咬起来很过瘾，那股鲜香味儿在唇齿间盘旋良久……

因为油重，吃的时候要垫上很多层白纸。现如今，偶尔也能看到卖粢饭糕的小摊，也会忍不住买一块，付钱后还不忘叮嘱一句：“师傅，帮我炸老一点！”那糯米的焦香，一咬难忘！

『七浆八浆』与『糊辣』

我第一次拜见岳父母时，“毛脚女婿”刚上门，丈母娘越看越欢喜。她烧了满满一桌地道的宁波“台面菜”，不乏本地海鲜等“长羹下饭”。其中有一碗“蒿菜蛳螺浆”，让我至今记忆犹新。

那时正值清明前后，河中蛳螺肉最肥，蒿菜虽已开花，香气却甚浓，丈母娘把“上市货”和“落市货”混搭起浆，独创一道稀奇的美味，我尝后，久久难忘。一碗“蒿菜蛳螺浆”让我这个外乡人从此对“宁波下饭”刮目相看，渐渐迷恋，继而动手研习老宁波“下饭”，开始探寻老宁波的古早味儿。

宁波有山海之胜、水路之便，故食材丰富。自两宋以来，此地人文氤氲，所以很多菜馔极具生活情趣。而宁波人的主食以米饭为主，桌上总会有些汤汤卤卤，所以家常菜谱里少不了“汤”“羹”“浆”

与“糊辣”。

“三日入厨下，洗手做羹汤”，从唐朝诗人王建的诗里可以窥见，早在1000多年前的唐朝，汤羹已是中国人餐饮的重要组成部分。“汤”与“羹”在全国各地菜肴里很常见，形式不一，唯独“浆”与“糊辣”要算地道的宁波特色了。譬如请客待亲、送年祭祖做羹饭，家家户户的桌上都少不了“七浆八浆”与“糊辣”。足见“浆”与“糊辣”在宁波人日常饮食中所扮演的角色了。

“浆”与“糊辣”制作都需要勾芡，而勾芡就离不开淀粉，老宁波谓之为“山粉”。一般都是用新鲜番薯经过洗、刨、晒、磨等工序取之，以起浆后晶莹剔透、滑腻的为上品。虽然“浆”和“糊辣”皆用勾芡，但两者有微妙差别。

土生土长的老宁波才懂得分辨:“浆”荤素皆可,但料较“糊辣”少,所以要稀薄一些,典型的如“夜开花豆瓣浆”;而“糊辣”料多水少,较“浆”要浓厚得多。两者最大的区别在于:“糊辣”勾芡起锅后还需浇一勺沸油。宁波“糊辣”的代表有“肉糊辣”“黄鳝丝糊辣”。

宁波有句老话叫“转浆”,本意是勾芡,现如今,却用来形容各种事情凑到一块,非常忙碌。从老话中可以窥见“浆”的量大,品种丰富。大户人家设宴,“七浆八浆”端上桌,各色纷杂,热闹非凡。主人还喜欢用自己的调羹搅拌,津液交流一番后,呈现一团和气。

寻常百姓的菜肴里,浆的取材多是“上市货”和“时令菜”,譬如冬至前后,掘出的冬笋最鲜,霜打过的天菜芯,消了苦味,煮一碗“天菜芯笋片浆”最是清新爽口,加入乌贼蛋后,又鲜咸合一,开胃下饭;又如清明前,菜蕻干刚晾好,河里的蛳螺最肥,汆熟挑出螺肉,转一碗“万年青蛳螺浆”,清火明目;端午近初夏,莙荙叶片肥硕,掺入咸菜笋丝,转一碗“莙荙笋丝浆”,据说孩童喝下后,有暑天不生痱子的功效。随后气候转暖,旺发蔬菜纷至沓来,拿刚上市的夜开花、蚕豆瓣转浆,都是时令菜浆。

我偶尔去乡间,乡人请客待亲豪爽,必定杀鸡宰鹅。一副肫、肝与土豆片转成一碗“鸡杂浆”,这样的新鲜“热气货”,也是一等一的乡野美味,席间很受欢迎。我曾到过鄞州的瞻岐,那里的“敲骨浆”更是独具风味!它用早米炒熟后磨粉与煨烂的猪腚骨起浆,一抿即化,一股浓浓的乡土气息。这些“七浆八浆”都兼具了朴素、淳厚的古味。

“糊辣”,书面上多了一个“辣”字,外乡人难免要揣测:此糊与辣有关？非也！实则宁波人不嗜辣，没有添辣的习惯，“辣”用在这里多半是个助词。“糊辣”是冬季宴席上不可缺少的一道菜，皆因其比“浆”多了一勺沸油，而正是这一勺沸油，让菜端上桌后久久不冷，更能保温。冬季宴席，人们吃过冷盘后，热炒未上，此时先上一道“糊辣”，最能暖胃，又兼开胃之承启。一道“糊辣”，就能让老底

子宁波人氤氲的生活情趣呼之欲出，纵然天雪，全无寒意，最妙的是酒酣肉饱，而不知门外已雪深三尺矣！

在冬季，霜降后的白菜带着甜味，把本地黄芽菜切成细丝，加半瘦半肥的猪肉丝炒过，起浆后，添一勺沸猪油或麻油，就是一碗“肉糊辣”。这样的本帮菜，端上寻常百姓家的餐桌，冒着缕缕热气，滚着锃亮的气泡，定会让你食欲大振，汗出浃背，豪兴未已。

抑或早春二月，黄鳝刚刚出洞，韭芽最嫩，两者都是稀罕之物。黄鳝水氽，划骨取鳝丝，韭芽切段，添新鲜蚕豆瓣，炒过起浆，撒白胡椒粉，上面浇一勺热猪油，就是响当当的“宁式鳝丝”，乃宁波十大传统名菜之一，鳝丝油润嫩滑，包你齿颊留香。

我自小在北方长大，看惯了大碗炖肉、大锅煮菜的情景，那是北方人的做派、北方人的讲究。定居宁波已经多年，我逐渐在宁波人的“下饭”里，慢慢地体会到江南的人文与生活情趣。两宋以来，岁序更迭，宁波这片土地，士风依旧盎然，体现在起居饮食上，便是“雅致”二字。在我心底里，那“七浆八浆”与“糊辣”便是不可缺少的风雅！

肠血汤

中学时代，每天下午骑车回家时，肚子已经饿得咕咕叫，偏还得绕过老城隍庙。从大门一眼望去，门厅两旁摆满窄窄的桌子，后面的大锅、小锅冒着诱人的热气，锅瓢声、吆喝声此起彼伏，木头长凳上，也时常人满为患。闻着那些诱人的香气，猛咽口水……

在宁波，老城隍庙是无人不知的美食城，是各类小吃的温床，令人流连忘返。上世纪 80 年代末，周末逛街后去城隍庙品尝小吃，成为普通宁波市民生活的一大点缀，一碗咖喱牛肉细粉、一客猪油汤圆，或是一个炸鹌鹑，都是每次到城隍庙的必点之物。除却本地十大传统名点，还有流行一时的眉毛酥、梅花糕、蟹壳黄、鞋底饼等海派、苏式点心。

说起城隍庙的点心，品种不胜枚举。牛肉锅贴、小笼、雪菜大

包是长年的主角，又有烧卖、烤菜年糕等。光买点心，吃后总觉得油腻些，配上一碗汤，就能提味解腻。城隍庙点心摊里的汤大概有三种，即牛肉粉丝汤、面筋百叶汤（双档）和肠血汤。在这些汤中，肠血汤最为清淡，没有一丝油花。我偏爱两客牛肉锅贴搭一碗肠血汤的吃法，现在想来也会口水直流。而那碗肠血汤，更像是城隍庙小吃的灵魂，那记忆一直沉淀于脑海深处。

在宁波的市井人家里，一只家禽的吃法也别出心裁，分配合理，往往半只红烧烧，另外半只白斩斩，内脏炒时件，头脚剁碎烧豆瓣酱，汤水舀来下面条、煮年糕汤。侬看看，这一只禽，宁波人就可吃出这么多的花头，还安排得井井有条、煞煞清爽！

禽类的心、肝、肫、肠，宁波人一律将其称作"时件"，煮肠血汤，只取"时件"中的肠，通常是鲜嫩爽脆的鹅肠；血，即宰杀家禽后收集的血块，万万不能用猪血，猪血表面粗糙，闻之有异味，久煮之后易破碎，口感也差，没有咬头。

烹制前，先将洗净的鹅肠放入清水中浸泡，至鹅肠吸水而膨胀，用小刀将污秽刮去，再次洗净，如发现脂肪较多，可撕下弃之。洗净后，置锅内煮至八成熟，捞出后切成寸段浸在凉水中备用，经过这样处理后的鹅肠，爽脆可口，又不嫌老。捞出浸在冷水中的禽血，将其切成均匀的小块后，投入锅中，用文火煮沸，撇去表面浮末。取一大碗，碗中先放盐、味精、葱花少许，加入切成寸段的鹅肠，捞血块倒入碗中，添几勺沸汤，一碗肠血汤遂成之。

当年，坐在长板凳上，细细品那一碗肠血汤，嚼几段韧性十足的鹅肠，舀一勺豆丁大小的血块，顺着调羹滑入喉咙，嫩、香、鲜、烫，顿时通体舒泰，身上的每个毛孔都觉得惬意。只有盐、味精、葱花三种调料，五香粉、胡椒粉、料酒一概不用，喝上一口，更觉得此汤清淡可人。虽不及南京鸭血粉丝汤的名头大，妙胜质朴，也独有一种甬城风情。

怀旧之味

茫茫食海，何处是当年撞击舌尖的那朵小浪花？寒窗苦读之后的孤帆远别，身处异地而乡音难改，乡愁也难遣。大富大贵后的衣锦还乡之日，心头舌尖依然念念不忘的故乡旧物，竟是一碗灰扑扑的臭冬瓜，两三颗黄泥螺！红尘已老，尘埃落定，当年存储的味道，鲜美依然。

臭冬瓜

早些时候，江南的祖屋是临街枕河，枇杷门巷里隐着盈翠轩窗……无论在高宅大院，还是市井里弄，几乎都藏着几个大大小小的臭卤坛子，老宁波人谓之“臭卤甏”。有天井的人家，常把臭卤甏摆在屋檐下，甏口盖上一块方砖；居室逼仄的人家，一般将其置放在室外的走廊上，或某个阴暗的墙根角落里，任凭风吹雨打，日晒夜露，那股醇厚的臭味，会随着岁月的推移，渐渐变浓。

在江南酷暑的三伏天里，“臭卤甏”往往大出风头。住在老房子里的宁波人，每当盛夏季节，便将餐桌移至室外，“露天吃夜饭”，那是一道延续了几千年的老风情。暑天闷热烦躁，胃口不开时，桌上都摆满家常的“咸下饭”，其中可能就有一碗世上独一无二的臭冬瓜！它作为宁波乡土灵魂菜，味道臭香奇特，而宁波人却对它情有独钟，嗜食成癖，可谓甬城饮食文化的一朵奇葩。

臭冬瓜之臭，如果只是一味的恶臭，即便是宁波人，恐怕也难以接受。臭冬瓜最大的特点，就是柔嫩中夹杂着一缕清爽爽、香酥酥的异香，溶于舌尖，浸润丹田，有种奇妙莫测的味道，腾云驾雾，飘然若仙，虚无之间，分不清是臭还是香。这一种奇特的嗜好，只有宁波人偏爱。

这欲臭还香的怪味，关乎性情，有人一直念念不忘，有人又大恶之。这股子奇诡，构成了大部分宁波人的集体回忆。不少海外"宁波帮"回乡探亲时，都要品尝一下臭冬瓜，以缅怀往昔乡情。那种感觉可以在他们的舌底，储存好几十年，真是不可思议。

一碗"臭名远扬"的臭冬瓜，曾令世界船王包玉刚念念不忘。他早年回乡探亲还专门要品这味菜，唏嘘一番，以解"莼鲈之思"。而那一碗灰扑扑的臭冬瓜，的确是不沾一点富贵气息的，还可缓解怀乡诸症。

臭冬瓜风味独特，奇香又奇臭，关键是那一甏神奇的臭卤。制作臭卤时，要先向左邻右舍讨一小碗臭卤，千谢万谢，如获珍宝般倒入甏中作引子，丢进一些咬不动的笋根、苋菜梗、毛豆粒之类，甚至还有人把吃剩的虾壳、蟹壳扔在臭卤甏里，言称能吊出鲜头来。若加几块豆腐放入甏里搅碎，即可加速腐烂发臭，所谓"烂发肥，臭生香"。据此方法，用塑料袋密封甏口发酵，几天后臭卤成矣。

臭卤甏，难免会滋生霉菌蛆虫，还得不时地消毒。其方法是把火钳烧红，探入甏中"滋"地烫一下，一阵冲天臭气爆发之后，臭虫霉菌便无藏身之地。这种特技，由目不识丁的宁波老太们成功研

发，臭卤顿时由浊变清。上好的臭卤甏可以保持数十年，其卤色淡青，舀在碗里清澈见底，臭味历久不散。冬瓜、苋菜管、芋艿梗、茭白、豆腐干、千张，用这碗卤汁"臭"出来，味道绝对正宗，左邻右舍闻到气味，也要心驰神往了。

宁波人制作臭冬瓜时，一般是把冬瓜切成手掌大小的块状，带皮放锅里蒸到七分熟，取出冷却放入瓦缸，一层层地叠起来，层间放少许盐。舀入陈年的臭卤水没过冬瓜，然后把缸口密封，放到阴暗处，过十天半月就可吃了。还有人家用生冬瓜腌制，待年节时，捞出几块装于盘中，春节吃腻了大鱼大肉，上一盆灰绿色的臭冬瓜，倒些麻油，一口吃来，臭中夹着香，开胃消腻，大受追捧。

还有不少老宁波人，坚持认为臭冬瓜是香的，大蒜才是臭的，他们不怕臭冬瓜之味，怕的是北方人口中的大蒜气。时至今日，其他臭货渐渐淡出餐桌，唯有臭冬瓜依旧活跃。冬瓜，价格便宜，性甘平，具有清热养胃、荡涤肠秽的功效。臭卤中含有大量的氨基酸，经过与冬瓜腐熟和分解，臭中带酸。食时，放些麻油、老酒、味精，刹那变得清口。

未谙它习性的人，初尝第一口，觉得艰难无比，不堪承受，莫停箸！渐渐深入进去，又觉得兴趣无穷，乐在其中。逐臭冬瓜之味，这神清气朗的上古气息，真可谓"山重水复疑无路，柳暗花明又一村"也。

"咸齑(jī)"的"齑"字很生僻，很多人不会写。咸齑，是宁波人对雪里蕻咸菜的称呼。普通话所说的咸菜，是对一切腌制蔬菜的统称，比如北方人所说的腌萝卜和腌酸菜，而对浙东宁波人而言，咸齑，仅指用雪里蕻腌制的咸菜。宁波老话中有"东乡一株菜，西乡一根草"之说，这里所说的"菜"，就是"雪里蕻"，它经过腌制后，就是宁波人传统的"长羹咸下饭"。

雪里蕻，不像青菜、萝卜那么有名，但对江浙一带的百姓而言，它是一种最熟悉不过的腌菜，属十字花科芸薹属的草本植物，又名"雪菜"，味稍带辛辣气，腌食绝佳。腌制后色泽金黄，质地脆嫩，除却辛辣，有一种特殊的香味，鲜度极高，略带酸味，食之生津开胃。

"酸汪汪"的咸齑，既可生吃，也可炒食，它是烹制宁波传统菜

肴不可或缺的佐料。闻名遐迩的“咸齑大汤黄鱼”、小家碧玉的“咸齑冬笋”，都深得本埠居民和海外“宁波帮”人士的垂爱。雪里蕻咸齑的名气，与扬州酱菜、东北酸菜有得一拼，在宁波俚语中，还有“三日勿吃咸齑汤，脚骨有眼酸汪汪”之说。它无疑是宁波人心目中最亲切、最草根又最引以为豪的一道咸菜。

宁波腌制雪里蕻咸齑已有几百年的历史。鄞州是“中国雪菜之乡”，既有名扬海内外的东乡邱隘咸齑，还有西乡樟村的“贝母地”咸齑。章水是浙贝之乡，宁波人笃信，用贝母地出产的雪里蕻腌制的咸齑最鲜。鄞东土地肥沃，雨水充沛，以邱隘镇腌制的咸齑最为出名。这一东一西两个镇，是宁波雪菜的两个著名产地。

每到秋冬时节，老百姓总会准备几个七石缸埋入土中，把割下的雪里蕻削平菜根，摊晒一两天后装入缸内。叠放的位置很有讲究：缸底撒盐，第一层菜根向外，菜叶向内，沿缸边四周向中间紧密排列。第二层起，每层都菜根向内，菜叶向外，沿缸边中间向四周紧密排列，逐层放盐。一只七石缸一般可叠放几十层，约几百公斤的雪里蕻。

宁波人都知道，好咸齑是用脚“踩”出来的。撒好盐后，人站在缸里踩，让盐渗入雪菜，一直到将其踩瘪。踩踏顺序从四周到中央，动作要轻缓而有力，以出卤为度，尽量减少缸内空气的留存。踩踏完成后，缸里还要放上几块大小不等的“咸齑石头”压着雪菜，使其不上浮，如此腌制出来的咸齑才会鲜美。一般来说，雪菜刚腌制好就会出水，此时雪菜石头还在缸表面，两三天后石头已经被雪菜水浸没了，大概一个月之后，就能吃了。

雪里蕻咸齑香脆可口，腌咸齑的卤汁更是一宝。咸齑卤，它味道鲜美，营养丰富，含有十几种氨基酸，是原生态的“液体味精”。用玻璃瓶保存的咸齑卤色泽金黄，香气浓郁，它是宁波人家灶间必备的调料。用咸齑卤来烹制海鲜、清蒸海鱼，具有去腥、解腻的效果，咸鲜一旦联袂，让人食欲大振。用咸齑卤来烤毛笋、茭白，就无须放味精了。

“家有咸齑，勿吃淡饭”“蔬菜三分粮，咸齑当长羹”“三日勿吃咸齑汤，脚骨有眼酸汪汪”，三句经典的宁波老话，既言明咸齑在餐桌上的地位，也道出了自唐宋以来千余年间宁波人对咸齑的牵挂和依赖，而这种依赖，更多的是源自朴实的生活。

晚来雨骤风密，恰有不速之客投宿，家徒四壁，筹办菜肴已然来不及。好在缸里有腌透的酸黄咸齑，草窠里还有几个家鸡蛋，篮子里有土豆。那就炒一碟“咸齑塌蛋”、煮一碗“咸齑土豆汤”，仅这两样，就是寒舍中的绝香，宾主照样吃得有滋有味。日子清淡而又丰实。耐品的，往往就是这寻常的咸齑，在一年年的风吹雨打中，乐不知疲地，继续着宁波人滋润的家常生活。

我的小学在江北，家住江东，每天自“浮桥”和“新江桥”而过。少不更事，背着书包放学回家，总喜欢到处转转，绕过“兰江剧院”后，必定经过“新江桥”。桥下面是一排排卖咸货、干水产的摊位，还未近身，一股浓烈的鱼腥味扑鼻而来，什么咸呛蟹、黄泥螺、海蜇皮子，都堆成小山高，应有尽有。

小孩子嘛，总喜欢看看热闹的光景，往往驻足近观。有些摊位前，店家用板凳摊起一张大竹筛，上面铺着稻草，晾晒着一大堆“龙头烤”，白花花的一大片，颇为壮观。摊主们用筷子不停地翻动，江风吹过，阵阵鱼腥气扑鼻。

“醉里吴音相媚好”，石骨铁硬的宁波话，却赋予“龙头烤”一股江南诗意。“龙头烤”一物，属宁波人的“长下饭”。所谓的“长下

饭”，就是能长期储存的菜馔，以臭、腌、干类为主，而龙头烤属于腌干类，是宁波“长下饭”里的主力军，是由龙头鱼腌晒而成的鱼干。

龙头鱼通体晶莹洁白、肉质鲜嫩，是甬城最寻常不过的小海鲜，别处也唤作“豆腐鱼”，宁波人爱叫它“虾潺”，因其头似龙头，在浙东沿海一带更有“东海小白龙”的美名。

龙头鱼生长快，产量高，又因其体内富含水分，最不易贮存。作为广受欢迎的平民海鲜，价格低廉又不易保鲜的龙头鱼多用来晒制“龙头烤”，油炸后酥脆可口，最是开胃下饭。而这样的“压饭榔头”虽登不得大雅之堂，却贯穿于宁波人的日常饮食之中。

“咸辣辣龙头烤，过饭交关煞”，这种龙头鱼的干制品，因腌制时用盐较多，所以特别咸，嗜咸的宁波人也会吃勿消，烹制方法多

是将其油炸后，撒入几勺白糖，中和其咸度，虽小小一根，吸吸吮吮间，结结实实骗下一大碗饭去。若嫌龙头烤太咸，不妨在水中浸泡一会儿，去掉些盐分，沥干水后再放入锅中油炸。吃惯了荤素菜蔬，偶尔发兴，炸几条龙头烤换换口味，也不失为不错的调剂。

两根龙头烤，有时还充当着宁波旧俗中一种不可缺少的风物。甬城旧俚曰："六十六，不死掉块肉。"或曰："年纪六十六，阎罗大王要吃肉。"老底子的宁波人认为：人活到六十六周岁，是人生后半辈子的一个关口，若想要长寿，必须由小辈们烧 66 块猪肉，端来一碗糯米饭，饭上放一株带根葱或带根菜，还必须加两根龙头烤，递给父母吃。

女儿或儿媳送肉时，不可进屋，而是从窗口递进，还要不停地高呼："阿姆（阿爸）哎，吃肉哩！"盛饭、盛肉的碗还得拣两个"缺牙"碗，寓意吃过"缺牙"碗盛的饭菜后，日后不再有缺陷，父母大人吃完 66 块肉之后，会平安度过六十六这个关口，从而得以长寿。那两根龙头烤，恰似两条腾云驾雾的"东海小白龙"，勾勒出甬城地方民俗的浓重一笔。

俗语说得好，三代方能学会吃饭穿衣。一代又一代，跑过三关六码头的宁波人，几句家长里短之后，一汤一羹，一糕一饼，抑或一小捆龙头烤，大概也能反映他们的三分脾气，甬城的风土人情，也会被龙头烤这种风物所记录。

牛肉细粉

宁绍平原的末端，向东是大海，依山傍海的地理位置，造就物阜民丰的社会。世代生活于此的宁波人，对不少食物的称呼，有些是比较独特的。譬如喜欢将馒头唤作“淡包”，将粉丝称作“细粉”（又作“线粉”），用宁波话喊起来，朗朗上口，抑扬顿挫。

说到粉丝，山东龙口绿豆粉丝是外来货，名气大，好是好，只觉得放汤后太细，没啥嚼劲儿。大多数宁波人，还是偏爱本地番薯粉丝，看起来“黑戳戳”的，久煮却不糊。资深吃客都晓得：街头吃点心时，点一客生煎，配上一碗牛肉细粉就是经典搭档，多少年吃下来，清淡中透着秀雅细腻，和婉安然……

其实，这一碗牛肉细粉汤，永远上不了大场面的宴席，只是一味市井小吃，常伴些个特定的面食。并且还要堂吃，若打包买回家，

细粉久浸涨起，糊答答的，风味就会大打折扣，还不如不吃。

一碗牛肉细粉汤，只是当作点心。一客生煎，盛在浅口的搪瓷碟中，碟子必是缺掉几块搪瓷的。加了咖喱的牛肉细粉，粗碗摸上去总有点油腻，细粉稀疏，牛肉更少，薄得不能再薄，漂着几点碧绿葱花。咬一口生煎，脆皮嫩肉，呷一口黄澄澄的细粉汤，麻辣鲜香，既实惠，又满足。

回忆上世纪 80 年代末 90 年代初，肯德基和麦当劳还不曾出现在江东大河路上，“小吃城”这种经营模式较为普遍，很受平民百姓的欢迎。县学街的老城隍庙，永远是熙熙攘攘的，繁华自不必说；

再就是“汉理翔”、“一副”旁边的“东福园小吃”，还有的位于大商场的楼上，方便大家逛累了歇歇脚，那些各式各样的小吃，一圈看下来，眼睛都花了，拿起托盘，爱吃什么自己随意拿。点上一碗喜欢的牛肉细粉汤，配一份春卷或者生煎，就吃得很惬意。

现如今，要吃一碗牛肉细粉，大概要跑去牛杂馆了。那些店店面往往不起眼，甚至很简陋，但美食往往就藏匿在街头巷尾的小店里，几十年如一日地延续。门口厨台一个大锅冒着腾腾热气，里面炖着新鲜的牛大骨，上面浮起一层肥滋滋亮闪闪的油，很是诱人。

有时，也会莫名地思念起它的鲜，那种鲜，不是撒一撮味精的鲜。想起就会去吃一碗。老板们都是几十年的老手势了，麻利地捞起一把泡在水里的番薯粉丝，将其塞进一个铁丝网兜后，把网兜挂在大锅沿上，浸烫在牛肉汤里。没过多久，将细粉倒入碗里，丢入几片切得比纸还薄的牛肉，随意地撒点盐和葱花，匆匆端将上来。牛肉汤极鲜，粉丝吸足了牛骨大汤的精髓，油滑爽劲。

脑海中，依稀还记得，那家老康乐牛肉面开在宁波的中山西路上，生意极好，还有牛肉锅贴卖，鲜上加鲜……前几天路过马园路，见有一家相似的面馆，进去尝过之后，味道一般，味精没少放，一直口干想喝水，无端地更怀念那个老味道了。

馄饨，是一味历史悠久、价廉亲民的小吃。它遍布全国各地，制作方法大同小异，各地的叫法不一：江浙沪一带称馄饨，而广东人称“云吞”，湖北人叫“包面”，福建人称“扁食”，在江西称作“清汤”，四川人又唤其“抄手”。馄饨品种繁多，很多地方都是大馄饨，譬如上海的“菜肉馄饨”，大小堪比饺子，而我们宁波本地人吃的，则是清一色的“绉纱”小馄饨。

说起宁波本地的“绉纱”馄饨，还是有些来头的，它的历史至少比“面结”还要久远些。旧时，宁波的街头巷尾常见柴爿馄饨担的影子。馄饨担由竹架制成，每一处空间都得到充分合理的利用：担子一头摆放一只缸灶，灶上置铁镬，灶下放置柴爿、火钳和吹火筒；担子另一头放置酱油、猪油、葱、紫菜及碗匙，抽斗里放有馄饨皮子和肉馅。行走时“的的笃笃”地敲打竹管，马头墙上的月色与之相随，常常卖到深夜。

“绉纱”馄饨，是用三肥七瘦的新鲜猪肉制馅。馅内不添一颗盐粒，不加任何调料与佐料。拿一张碱水适当的薄面皮，右手用个竹片撇块肉馅往皮里一按，左手往掌心一捏，就是一只小馄饨了。也不必小心摆放，随手往团匾里一扔，与其说是包馄饨，实则是用手裹起来的。这种小馄饨皆是纯肉馅子，店家往往惜肉如金，竹片点上一点肉馅往皮上一撇，便飞快地裹起来了。

锅里水开后，把馄饨丢入沸水，开水一滚后就可以出锅了，店家往往会颠几下笊篱，清点数目。在宽边瓷碗里搁葱花、熟猪油、紫菜、虾皮、蛋皮丝。因为鲜肉馅无盐，吃馄饨要连汤带水，店家常常舀入一勺本地酿造的酱油调味，比一般的清汤寡水要高妙许多，

“酱油馄饨”的做法也就这样传开了。

“酱油馄饨”在碗中呈半透明状，皮薄如蝉翼，形似绉纱，肉馅饱满，通常一口一个。馄饨的汤底基本是酱油和熟猪油，考究点的店家，还会加少许虾米和生菜丝，一定程度上丰富了口感。宁波城区的“味一早餐店”“锅贴王”等传统点心店都有它的踪迹。这些城里的小点心店，就像这个城市的味觉，凝积了几代的历史，尽管价格一涨再涨，但味道却从未改变，口碑载道。

在宁波人的早餐里，大饼、油条、豆浆、粢饭团号称“四大金刚”，一副大饼嵌油条，配上一碗热豆浆或豆腐脑，是宁波人比较讲究的传统早点；比较“做人家”的，一般都是一碗泡饭，搭配几样隔夜菜，或是佐一块豆腐乳及各色咸菜。长久吃这些东西，难免会腻味，吃得不乐胃时，去点心店吃一碗酱油小馄饨，配上几个鲜肉生煎，泾渭分明，这是资深食客们都晓得的“门道”。

近年来，福建“沙县小吃”遍布甬城的大街小巷，木槌敲打后的肉泥做馅包馄饨，吃在嘴里，有点像吃虾仁的感觉。福建夫妻老婆店的“千里香馄饨”也霸占了馄饨市场，但不知是福建何处的味道，吃过后，嘴巴会干涩，盖味精搁太多的缘故。

至于“麻油蒸馄饨”，那传说中的宁波传统名点，已经好多年不曾在江湖上露面了，也许只有年过半百的老宁波人才吃到过，如今只有“酱油馄饨”的风头正盛。食评家沈宏非说过一句话：“当今的中国，每座城市看上去都很相似；城市之间，能被用来区分的，似乎只有饮食习惯和弥漫在城市上空的气味。”一碗冒着热气的酱油馄饨，与冬夜、深巷、烟火同奏，大概也是一味怀旧的味道吧？

说起“楼茂记”，很多宁波人都记忆深刻。以前灶跟间里的酱油米醋、香干生麸、各色过泡饭的酱菜，都出自这家老字号，在许多老宁波的心里，“楼茂记”可是一块响当当的金字招牌，而香干和酱菜就是“楼茂记”的代名词。

自解放前起，“楼茂记”一直坐落于灵桥和百丈路的交界处，以前奉化、鄞南等地的船都停靠在灵桥下；从鄞县大嵩、莫枝等地来的船，都停在百丈附近的新河头。这使得灵桥和百丈路一带成为当时宁波各方物资的集散地。得天独厚的地理位置，提坛携罐纷至沓来的人们，给“楼茂记”带来丰厚的收益，它的名声也随之越来越大。

香干，俗称豆腐干。它营养丰富，嚼劲足，冷拌、热炒皆宜，可

制作多种菜肴，是一种深受人们喜爱的豆制品。香干切丝，置鸡汤内，投火腿丝、冬笋丝等材料，就是淮扬菜系里有名的“大煮干丝”，自古至今，在很多菜谱里都有著录。

与“大煮干丝”相比，在浙东宁波，一碟“马兰头拌香干”代表了地道的宁波味儿。马兰头的清香，香干的豆香，芝麻油的醇香，三者充分浸透融合，入口慢慢咀嚼，能品尝出早春的味道。在这款堪称经典的江南小馔中，充当配角的香干，老宁波人都会想起“楼茂记”。

翻阅海曙政协文史委编印的《甬城老字号》一书，叙述“楼茂记”香干，还夹有一段绘声绘色的江湖奇缘，颇引人入胜。说的是乾隆七年（1742 年），奉化一对楼氏小夫妻在百丈路口上设摊，以孵黄豆芽谋生。夫妻俩勤劳和善又会经营，豆芽生意红火几年后又开设了豆腐作坊，兼做豆腐、素鸡、千层、油豆腐。某年冬天，“楼茂记”老板收留了一位病危的外埠老人，老人在弥留之际，为感谢夫妻二人的恩德，掏出祖传的香干制作秘方，递给老板。楼氏夫妻按照这张泛黄的秘方，果然制作出了色香味俱佳的香干，从此“楼茂记”香干名声大振，无人不晓。

宁波老话：“勿吃楼茂记香干，生活做煞唔相干。”意思是说人活一世，最苦最累的活儿要做，但“楼茂记”香干也必须尝，人生苦短，不吃一块“楼茂记”香干，仿佛就会失去生活的意义。虽说有点夸大其词，但“楼茂记”的香干制作工艺确实精良，它既有别于绍兴五香豆腐干，又别于苏州、无锡一带的香干，虽其貌不扬，但风味独特，韧而不硬，柔中有松，咸中透鲜，鲜中带甜。

“楼茂记”香干精选颗粒饱满的本地黄豆，拣去泥沙杂质，置入清水中浸泡 6~12 个小时，历经水磨、打浆、点膏、成块、过压、烤制等工序。烤制是最重要的一道工序，添入上好的酱油，加适量的桂皮、茴香等香料，煮沸后焖在锅内。出锅冷却后，沥干水分，晾干水分后均匀地刷一层麻油。如此制出的香干，块形方正，色泽锃亮，质韧而柔，鲜香合一，闻之清香，食之细腻，色香味高出一筹。

“楼茂记”不仅香干好吃，各色酱菜也做得出名，包括传统方法腌制的什锦菜、宝塔菜、萝卜头、嫩生姜、酱瓜、大头菜，有数十个规格品种。尤其是那丁、条、丝、块、片等切状组成的什锦菜，红黄翠绿褐，五彩缤纷，入口便是酱香溢满舌间。萝卜丝脆香、嫩姜醇香、洋姜鲜香、芥头咸香、菜瓜甜香、宝塔菜嫩香，掺和着酱香，甜甜的、

咸咸的、脆脆的，是日常生活中佐餐的美味。

遥想当年，灵桥还是座系着十六舟的浮桥，船只过往频频，斜晖脉脉水悠悠…… 最悠闲莫过于船家们坐在船头，搁一小碟酱菜，咪一口老酒，随手掰一块"楼茂记"香干，嚼劲儿十足，江风吹过，抿上满满一口江南味道。

街巷悠长，庭院深深，寻常百姓家的一碟芹菜清炒香干，或是酱瓜炒毛豆子，虽是素食，却也撩人。历经百年风雨后，从历史深处走来的宁波老字号"楼茂记"已日渐式微。然而两百多年的一块香干和一碟酱菜，却因价廉物美，味道纯正，征服了甬城百姓。

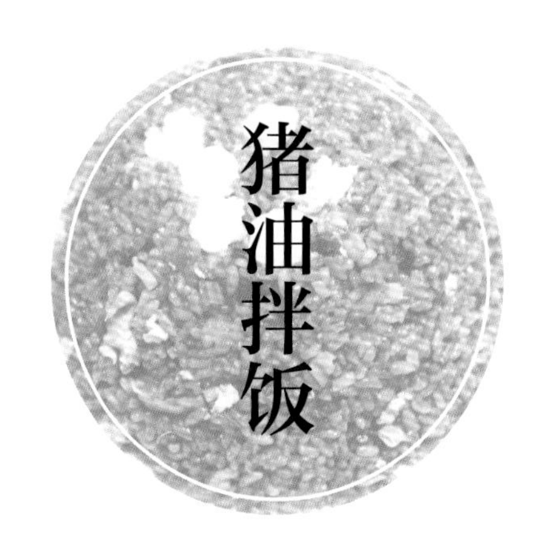

在我们的脑海里，是否有一碗饭会让人触景生情、黯然销魂呢？如果有的话，那肯定是童年的猪油拌饭！对六七十年代出生的人来说，曾经的猪油拌饭是童年生活中一道独特的美食，而我也有幸成为其中一员，儿时滋味，情独钟、意难忘。

国人讲究食不厌精，脍不厌细。然而在那个物资匮乏的年代，也许一碗很土的猪油拌饭会让舌尖瞬间爆炸，猪油的喷香，带给你永世难忘的快感，即便现在想起来，舌根底下还会忍不住分泌出口水。

蔡澜先生说过，“每个饕客心中，都有一块猪油膏”。我猜测，大概广东人所言的猪油膏，和宁波的猪油同气连枝，皆是由猪脂肪炼制而成的吧？外国人吃牛油，中国人吃猪油，猪油与国人的饮食密切相连，什么猪油糕、猪油汤团的，很讨人们的喜欢。

上世纪六七十年代，物资紧缺，买肉要凭票，大家伙儿的肚子里都缺少油水。买一斤肉吧，最多能吃两三顿，而一斤板油熬出的猪油，连带炒菜、下阳春面、拌米饭，几乎能吃上一礼拜。板油，是包裹内脏连成一片的那一层脂肪，出油率极高；肥肉，是皮下脂肪，也能炼制猪油，但冷却后颜色偏黄，出油率和色泽都不及板油，所以很多人都攒着肉票买板油。

我还依稀记得，家人排了好久的队，好不容易将板油买回来，连忙捅开煤球炉，支起铁锅开始熬猪油。不久，猪油的香气遍及弄堂的每个角落。左邻右舍的主妇们都会探出头来，投来羡慕的眼光，啧啧不已。

先将板油略微清洗一下，摘去血丝，然后置案板上切成均匀的小块儿，有的人家为求出油多，还会在热锅里添少量清水，然后加入板油丁，几分钟后就能出油。人可不能离开煤炉，得看着它，还要时不时地翻动，在熬制过程中也可以用铲子压一下板油，可以加速出油。当板油已变成金黄色，缩成油渣浮在油的表面，油就炼制好了，倒进瓷缸里，待其慢慢冷却后，就是一缸光润、洁白的凝脂。

呵呵，那热气腾腾的猪油渣又岂能轻易错过！还没凉透就塞入嘴里，细细嚼。在咬碎的那一瞬间，油花在嘴中"爆炸"，绽放开来，松脆可口，满口生香。性急之人，舌头往往会被烫起泡。而猪油渣炒青菜、猪油渣豆腐羹、油渣芋艿羹绝对是经典的美食。

上世纪六十年代，调味品不像如今这般齐全，但绝对吃得安全放心。酱油是本地黄豆天然酿造的，黑里透着红，三伏天还会长白

毛，不像现在的工业酱油，放上两年也安然无恙。想必城市里长大的孩子，差不多都有过打酱油的经历，拿着个玻璃瓶去小店里打散装的酱油，回家路上，还时不时地舔一舔瓶口。当年的酱油好比如今的味精，真叫一个鲜啊！

大灶的米饭焐熟后，飘来阵阵米香，揭开锅盖，盛一勺热腾腾的白米饭放在碗内。端起饭碗走到碗橱前，揭开猪油盖碗，用筷子搅上一坨猪油放进饭里，再拿起酱油瓶倒上几滴酱油，用筷子拌匀。刚煮熟的米粒晶莹透亮，马上被油脂滋润得油光水滑，随着搅拌，筷子上的猪油渐渐融化在饭粒中，饭粒更显剔透。加点碧绿的小葱，一碗美味的猪油拌饭就告成了。米粒沾了融化的猪油和酱油，色呈棕红，油光锃亮，又有葱绿，泛着诱人的光泽。一时间，饭香、油香、葱花香…… 这滋味怎一个“香”字了得?

也不需要其他菜，端着一碗油亮而剔透的拌饭，在老墙门里边吃边走，毫无羁绊，一路吃去，一路是猪油拌饭的飘香；抑或全家围坐在 25 瓦的灯光下，没了往日叽叽喳喳的插嘴，换作大口大口地扒饭。一番狼吞虎咽后，还觉得吃不够。那一碗碗猪油拌饭，让人在清贫与艰难中，对生活燃起了一个又一个希望，营造了直抵内心的温暖。

三十多年前，吃上一碗猪油拌饭，你会觉得世界上最好吃的东西大抵如此。如果饭上面还铺着油渣，对一个平民的孩子来说，那简直就是“幸福”的具象。前几天，我心血来潮，熬了点猪油做了一碗猪油拌饭，只加了点酱油，给儿子吃了一口，他说：“爸爸，这饭真好吃……”随后我也舀了一勺放到嘴里，但说实话感觉没小时候那么香了，时光无法倒流，胃早已不是原来的那个胃，飘香的猪油拌饭恐怕只能缱绻于记忆中了。

朗霞豆浆

外国人喝牛奶，中国人喜欢喝豆浆。豆浆，相传是西汉淮南王刘安发明的，明代李时珍《本草纲目》记载："豆浆，利气下水，制诸风热，解诸毒。"大概全世界唯有中国，开创了喝豆浆的习俗。

说起豆浆，早先的宁波人，每天清晨早起后，会拎个饭锅子出门打豆浆，有时要排队，排到后来，还不一定能买到。市面上的豆浆有三种口味，即淡浆、甜浆和咸浆。甜浆只是在淡浆里放几勺糖，而咸浆则丰盛多了：碗里放少许葱花、虾皮、紫菜、榨菜末、盐、味精、酱油，再撕几段老油条，把煮沸的滚烫豆浆冲到碗里，撒上几滴芝麻油，如果放少许醋的话，豆浆还会起豆花，热气腾腾的看着就让人嘴馋。

话说，宁波豆浆中的极品，是很多宁波人都不曾喝过的余姚朗

霞豆浆。余姚人嘴边挂着这样一句话:“到朗霞没喝豆浆,等于没到过余姚。”在余姚朗霞街道,干大林夫妇开了一家豆浆铺子,在当地赫赫有名,夫妇俩从清晨四点忙到晚上十点,一天竟能卖出400多碗豆浆。就是这一碗毫不起眼的“干大林”豆浆,居然还上了浙江电视台,慕名的外地食客竟为了尝这一碗豆浆不惜远道而来!听起来,多少有点不可思议。

这豆浆到底有啥特别的?说来话长。豆浆作为我国的传统早点,在朗霞一带的历史也相当悠久,由于朗霞所处的地理位置,上接上虞,下联慈溪和余姚,清雍正年间,宁绍等地工商业者陆续来朗霞经营,市肆繁旺,800米长的街道基本形成,商贾云集,事业俱兴,朗霞街上就出现了大大小小的豆浆摊。

要说“干大林”豆浆，必得先从干大林的师傅徐国香说起。新中国成立后，朗霞有几个豆浆摊，其中一个为国香祖父所设。国香师傅自小跟着祖父、父亲学习制作豆浆，为了提高竞争力，他勤于思考，摸索总结出一套独特的工艺和严格的操作流程，熬煮的豆浆口感醇厚，国香师傅靠一碗豆浆打响了牌子，引领朗霞居民养成喝豆浆的习惯。每天一大早，徐国香豆浆摊前就人头攒动，大家排队购买豆浆的场景成了朗霞街上一道亮丽的风景。

干大林是徐国香的关门弟子，学了三四年才算出师，深得国香师傅的真传。除了选用生长周期长、颗粒饱满、出浆率高的本地黄豆，他在整个制作过程中，一直用柴火烧浆，坚持用木桶煮豆浆，保持温火慢烧。同时恪守一斤黄豆出二十碗浆的古训，不多添水分，如此烧出的豆浆质地稠密、口感醇厚，才算正宗。

难怪有人会说朗霞豆浆甲天下。前不久，干大林夫妇创造性地在豆浆中加入牛肉末，让豆浆的口味和营养更为丰富。其咸豆浆犹如一碗鸡蛋羹，喝起来嫩滑细腻，加入有嚼劲的牛肉末后，更是锦上添花，鲜香四溢，令人拍案叫绝！

如今的朗霞“干大林”豆浆，早已经声名远播。短短几年间，“干大林”豆浆已经拿到四块牌子：甬尚小食十佳、余姚市非物质文化遗产、宁波市非物质文化遗产、浙江著名地方特色小吃。朗霞“干大林”豆浆后继有人，已经是余姚的一张名片，创造了一个豆浆史上的传奇。

宁波烤菜

藤花古屋下的弄堂人家，擅烹家常，有一门独特的烹饪技法，那就是“烤”（方言音“kào”），也有人写作“熇”或“㸆”字，一律读入声。这种传统的烹饪技法，并非将食物置于明火中烤制，而是用文火收干食馔中的汤汁，待汤汁全部渗入食材后，才起锅装盘。

这种烹饪技法，费时、费柴，烤一个菜起码得个把钟头，但咸鲜入味。工夫烧足的东西毕竟口感浓郁，能下饭，极具宁波地方特色。如葱烤河鲫鱼、苔菜小方烤、烤麸乃至烤肉、烤鱼、烤大头菜等等，宁波菜有许多是“烤”出来的，荤素皆可拿来烤。但我以为，随意取几株青菜、天菜芯，由文火慢慢笃出的“宁波烤菜”，才是甬城家常菜中的经典之作！

一碗再普通不过的家常烤菜，它浓油赤酱，工夫烧足后，入口

即化，不必费力咀嚼，上了年纪的老人最爱吃。用它过泡饭，呼噜呼噜地会多扒上一碗。即便是外乡人，也对这道菜颇为推崇，吃过后会称赞不已，不胜吃惊地连叹："喔唷！你们宁波人，怎么连青菜都可以红烧得这么好吃……"

这道"宁波烤菜"，许多宁波人都会烹制，原料择四时不同，或天菜芯，或青菜，或大头菜，味道也各有所长，尤以天菜芯烹制的为妙。天菜，为宁绍平原所特有的蔬菜，属十字花科大叶芥品种，栽培历史悠久。据《宁波府志》记载，天菜在明嘉靖年间已有种植，它在宁波冬春季蔬菜中占有一席之地，用天菜起羹转浆、笃烤菜，是百姓桌上常见的"长羹下饭"。

取天菜芯，洗净晾干后切成小段，锅中水沸后，投入天菜芯略煮一会儿，沥去水分，旨在去除苦涩味和青芥气。然后加菜籽油，佐以酱油、盐、糖等调料，丢进几块桂皮，以增香气，用文火慢慢笃，直至汤汁收干，即可出锅。虽用足油盐，色泽红艳，但也不会太咸。有时，宁波人在笃烤菜时，也会顺带放入几块水磨年糕，天菜芯软绵鲜甜，年糕软糯，口感浓郁，相映成趣。

老底子的宁波人，家家户户有在冬至夜吃烤菜的习俗。冬至烤菜不用天菜芯，而独取整株的大头菜。在别处，大头菜都是用来做酱菜的，而宁波人别出心裁地将其小火慢笃成烤菜，一代代宁波人就是吃着它长大的。

将本地大头菜洗净，削皮切块，茎叶也不浪费。块要切得稍厚一点，否则易煮散导致筷夹不起。大头菜先放入，后放年糕，翻几下，放点酱油，然后把燃烧的柴爿盖上草灰，柴爿彻夜暗燃，用文火煮，大头菜在镬里焐一夜，灶火不灭，家家都要烧得“烘烘响”，薪火不息。第二天一早水将烧干时，放入糖和盐，再浇入一层菜籽油起锅，大头菜烤年糕香气四溢，沁人心脾。一家老小围坐在一起，每人一碗番薯汤果，夹几块焖得酱红的大头菜，吃几块年糕，寓意来年生活“烘烘响”“年年高”。

要说烤菜的特色，便是“不失本味”四字，夹一筷入口，菜香扑鼻，嚼之软嫩，鲜咸中带着十字花科天生的甜味，没有太多调味品的掺和，在酱油、菜籽油的双重润泽下，吃的就是原汁原味。毫不夸张地说，它是一道宁波人整年吃不完的“长下饭”，若有不速之客至，端出一碗烤菜是很容易的；人在异乡，偶尔遇见它，能吃得出家乡的味道。

油墩子

油墩子，一道流行于街头的小食，也是上世纪一种记忆深处的弄堂美食。时光倒流到三十年前，记得我上小学时，每到下午两三点钟，宁波的街头巷尾、学校门口、老墙门的弄堂口、公交站头都会冒出个小摊儿。

摊主往往是清爽的本地阿姨，胸前围起针织厂发的白色围兜，头戴雪白的卫生帽，在煤球炉上支起一口油锅，案板上摆着一大盆萝卜丝和面糊，阿姨熟练地用竹筷子拨拉着锅里的油墩子，旁边围满一圈刚放学的孩童。

油水不足的年代，我背着书包踱在街头，嗅到空气中飘来一股香味，赶紧小跑到摊子前，紧握着好几天积攒下来的零用钱，掏出几毛交给阿姨，接过递来的薄纸，撩起一个锅边丝网篮上的油墩

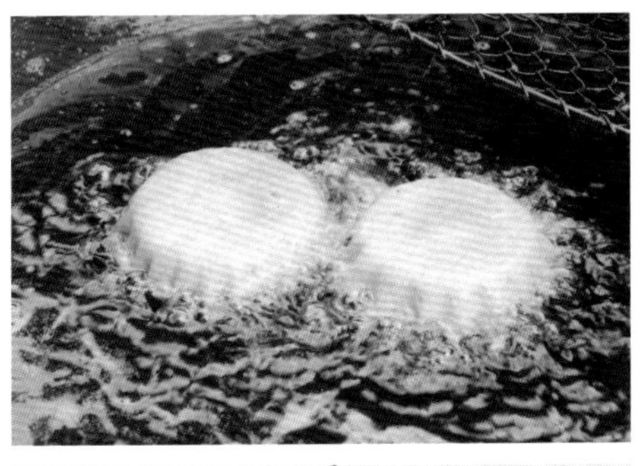

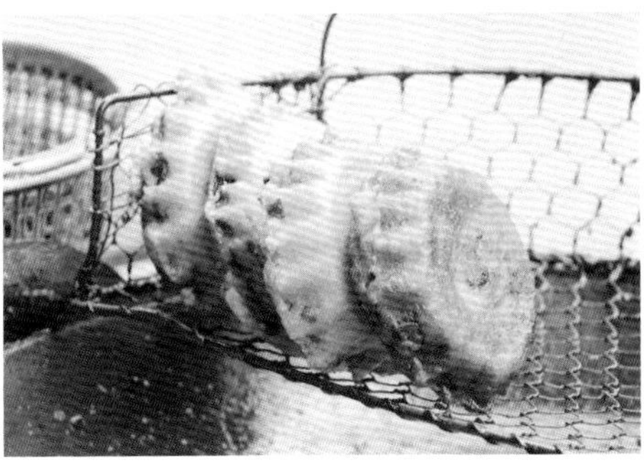

子,来不及等其凉透,就迫不及待地咬上一口……

经常会被烫得龇牙咧嘴,直呵热气,但烫归烫,还是忍不住往嘴巴里塞,边吹边吃。吃到一半,猛想起案板上还有瓶辣酱,赶紧舀上一勺浇在油墩子上。浇过辣酱后,萝卜丝香味萦绕唇齿,香辣可口。没钱买的小孩儿,只能在边上眼巴巴地望着我,猛咽口水。

多年前,这朴素的油墩子在江浙一带的弄堂里巷几乎随处都能觅得踪影,只是做法和称谓略有差异。宁波的秋冬季节,霜打过的萝卜变得甘甜,把它擦成细丝,拌入葱花,是做油墩子的最佳材料。时至春夏,萝卜空心起糠,换成绿豆芽、韭芽,或用"夜开花"刨丝,又显时令特色。但堪称经典的,还要数萝卜丝油墩子,它金灿灿、香喷喷,外焦里嫩,先酥脆后软糯,入口极具层次感。

小时候,看摊头的阿姨炸油墩子,也是一种视觉享受。只见她用一把绑有筷子的长柄瓷调羹,将面糊舀到模子里,然后用筷子往模子里填入掺着葱花的萝卜丝,最后在萝卜丝上覆薄薄一层面糊,随后放入沸油中氽。模子的柄有个弯钩,阿姨把弯钩搭在油锅边口,让油墩子在油里翻腾,继续做下一个。

锅里"吱啦吱啦"冒着油泡,不一会儿,那浅黄色的油墩子,犹如金蝉脱壳,慢慢浮出油面。等氽透了,阿姨把它撩在锅边丝网篮上,一个个码得整整齐齐,油墩子身上多余的油慢慢沥入锅中。散落在油面上的碎屑会被网勺撩起,掺入萝卜丝内。这一幕,往往会让我们这些围观的孩子极为垂涎。

昔日的油墩子虽说好吃,但它绝无可能在正餐中亮相,也断不会登上大雅之堂,而只能作为市井间的平民小食用来消遣。那马

路口、弄堂边卖油墩子的小摊贩，也赚不了几个钱，往往是勤劳的妇女，临时兼做，因本钱小、易上手，权当贴补家用而已。

我还依稀记得，小时候在海曙孝闻街口，有位戴黑框眼镜的阿姨，她摊子里的东西总是摆放得十分整齐、干净卫生；她炸的油墩子个头大，料也足，卖相好；"叉眼阿姨"心很细，譬如她在拌萝卜丝时，往往少放葱叶，多添葱白，因为葱叶过多，久炸之后易变黑，卖相不佳。

不少摊贩为图省事求速度，会把萝卜丝和面糊搅在一起，一次性投料，这样的油墩子，吃在嘴里犹如嚼一团糨糊。而"叉眼阿姨"坚持两道工序，炸出的油墩子外焦里嫩，酥脆可口，自然受欢迎。她兼有创新精神，有时会别出心裁地炸几块苔菜粢饭糕、红心番薯。邻家小孩围在摊前久了，她会笑着假愠："馋唠鬼，莫遮着。"一边将炸好的番薯片分与他们吃，一边劝他们早点回家做作业。夕阳西下，这温馨的一幕最动人。

小时候，每次吃完"叉眼阿姨"家的油墩子，我都会认真地把嘴巴抹干净，就怕大人知道我在外面乱吃东西乱花钱。可每到开饭时，总会被细心的父母察觉：不是红领巾上留有萝卜丝的碎屑，就是辣酱滴在白球鞋上……那段餐桌上被数落的时光，现在回想起来，还会哑然失笑。

这几年，高楼在兴起，弄堂在消失，随之远去的，是昔日的小摊和曾经搁在丝网篮上，一个个沥着油的油墩子。弄堂小吃看似简单，要做得好吃入味，却要下许多工夫。有时候，路过孝闻街，突然回忆起"叉眼阿姨"和留在记忆里的油墩子，就觉得味道不仅仅是用舌尖品尝的……

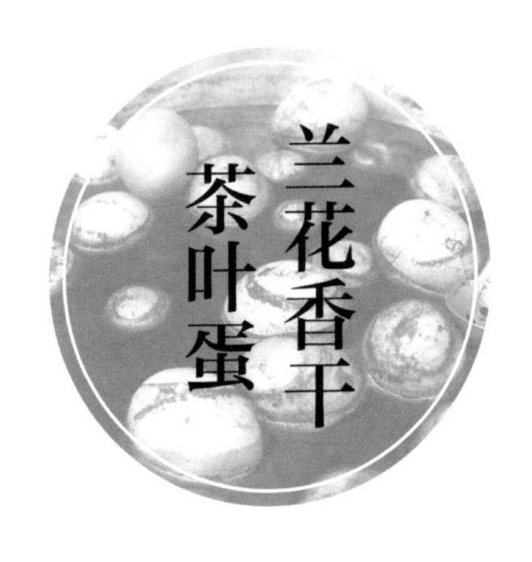

兰花香干 茶叶蛋

遥想我的初中时代，在电影院、台球房门口，都清一色地立着两个煤球炉，上面分别架着两个搪瓷脸盆：一盆是五香茶叶蛋，另一盆就是兰花香干，老远就能闻到茴香、桂皮的缕缕香气。

“火热兰花香干茶叶蛋哎！快来买哦……”摊主操一口地道的宁波老话，叫卖声极有韵味。那时的街头巷尾，卖兰花香干的通常都是推车流动的摊档，大多是宁波的老太、阿娘们，她们一边织着毛衣，一边看看街头的风景，兼卖香烟，小本生意做得有板有眼的。

当年的初中生，对兰花香干和茶叶蛋总有一种温暖的偏爱。我尤其喜欢兰花香干，一大盆卤汁热气腾腾、似沸非沸，加上在街巷蔓延的桂皮香气，那种强烈的诱惑是绝对无法抗拒的！我每次跟同学逛街时，都会忍不住买两串。

走近摊前，一串串提前炸好、用竹签串好的豆腐干，横七竖八地浸泡在卤汁里。买客若近前，老太一边动作麻利地夹起一串，摊在脸盆上方的铁架上，沥干卤汁，一边询问着，是否要加辣酱。你若点点头，她会帮你刷上一层辣酱，转眼工夫，一张小纸片就缠在竹签尾部递过来了……

兰花香干因其色泽红亮、脉络形似兰花而得名。这道街头小吃，在江浙一带甚为流行。过去，宁波寻常巷陌的小摊上，随处可见卤好的兰花豆干，现如今，盖因其耗工夫、利润薄，早已被“鸭脖子”等外来小食取代,已很多年不曾见其踪影。

虽说是素干，但兰花香干入口软韧有嚼劲，极浓郁的咸、甜、鲜、香四味交织,加上微微的辣,却比荤卤更香浓入味。说起来,这道小食的做法并不繁杂，买几块老豆腐切成 5 厘米宽的坯子，在豆腐表面“拉刀子”（专业术语叫“蜈蚣刀”）。别小看了这兰花刀法，它除了漂亮之外，还能让豆腐干更多汁和入味，是普通卤香干绝不能比的。

老豆腐切好后，把它拉开达到原来的两倍长，并且丝丝相连，拉丝时要特别小心,不能让它断开。再用约 10 厘米长的竹签串起，放入油锅炸干,待到两面焦黄时捞起,锅内加酱油、老酒、糖、桂皮、八角等配料，添入温水，小火慢慢卤制，火候到了它自美。这道兰花香干不仅香味醇厚,咀嚼有劲,而且咸鲜可口,回味浓郁，着实令我难忘。

茶叶蛋呢，也是很家常、很普通的。每逢立夏节，大人们都会煮好一大锅茶叶蛋。宁波老话“立夏吃只蛋，石板会踏烂”，说的就

是在立夏当天吃茶叶蛋，会有强健的体魄。巧手的妈妈们还会用毛线编“蛋套笼”，孩童们将茶叶蛋挂在脖子上，玩起“拄蛋”比赛，互相顶蛋壳比谁硬。有调皮的孩子，会用木头雕的“假蛋”冒充，大获全胜。

我一直认为，好吃的食物，关乎味道；但是难忘的食物，一定与回忆密不可分。想起白衣少年时，三五好友逛镇明路音像店，淘几盒陈百强、张国荣的磁带，迈出店门，吃几串兰花香干，买个茶叶蛋剥开，蛋白有着碎冰般的纹路，被卤汁浸成酱油色。红尘已老，那味道可以模仿，而回忆，却无法复制。也因此，才会对这两样小食愈加难忘。

闲食之味

寻味甬城，点题的往往是那一枚小小的糕点，身边的小吃和闲食，亦能代表城市的风貌，传递着永不散场的温情和耐人寻味的美好。晚霞满天，一户人家的兄妹倚门而待，最幸福的期盼，莫过于父母亲从市集上带回来的那一袋油赞子或年糕干吧？

油赞子

大概每一个城市都有自己的特色小吃，倘若提及“南翔小笼”“耳朵眼炸糕”“肉夹馍”“热干面”这些耳熟能详的小吃，想必人们都能迅速想到它们所对应的城市。小吃和闲食，往往能代表一种城市的风貌，传递着永不散场的温情和耐人寻味的美好。

传统宁波大菜的烹调，遵循大繁至简、原汁原味的原则。除却咸、鲜、臭、醉的本帮菜之外，作为补充的宁波小食，犹如隐匿于市井之中的江南女子，无不精雕细琢、细腻考究，大都秉承了不失本味的风格，譬如那名噪甬城多年的“油赞子”，便是最好的佐证。

初到宁波的外地人，可能听不懂油赞子为何物，其实所谓的油赞子，就是个头小小的“麻花”。它大小形似古代妇女插在发髻上的簪子，故我一直猜想，它书面是否应该写作“油簪子”，因为发音也类似。但在书面上，宁波人一概写作“油赞子”。这种独具宁波地方特色的传统小食，家喻户晓，火得一塌糊涂，几代宁波人，对这一口现炸的油赞子总是情有独钟，难以割舍。

走在宁波街头，有时会看到蜿蜒二三十米的队伍，毫无疑问，那必定是排队买油赞子的三代“老中青”。无论是“文昌王阿姨”“老宁波”，还是“南塘老街”的，各家店门口，几乎长年排长队，可谓风雨无阻，雷打不动。有店家很牛气地标注，曰“每人限购两斤”，而食客仍趋之若鹜。

你可别以为油赞子很容易买到，这年头，它越来越成为“看得见，未必能吃到”的食物。小小油赞子，最能考验吃客的毅力，许多人排队站到腿抽筋也要吃！因此下午排队，过了晚饭时间，饿了好一阵肚皮才买到两斤油赞子的情形，也是不足为奇的。

宁波油赞子一般有两种口味，绿色咸口的，是海苔味；金黄色甜口的，是白糖原味。这一甜一咸，黄绿分明，食客各有偏好。苔菜油赞子堪称宁波小食中的一绝，海苔清香爽口，回味奇特。

制作苔菜油赞子，须选用精白面粉和本地无杂质、无泥沙的冬苔粉。将面粉、冬苔粉、油、食用碱拌匀后加水和面，反复搓揉。面团至少要饧上三刻钟，然后将面团开块，切成小条，逐条搓成约40~50厘米长的细条，要求粗细均匀。操作时要注意搓长，而不要用力拉长，否则会使成品韧缩成“矮胖形”，不易炸透。搓好后双起搓成两股绳状，再双起搓成四股铰链状，即成长短均匀的生坯。油在锅内烧热，放入生坯，用铁丝笊篱轻加搅动，待浮起，颜色呈翠绿色时，即可捞起。

我对油赞子的记忆，依旧徘徊于上世纪80年代的文昌街口。这一带，人文渊薮：有民国时三大藏书楼之一的“伏跗室”，还有冯君木的“回风堂”，幼时，永寿街有个花鸟市场，沿花鸟市场走到尽头，在永寿街与孝闻街交界的十字路口西北角，有座四合院式的老宅，为清嘉庆年间的“叶宅”。

新中国成立后，人民公社化运动兴起，叶宅办作“文昌食堂”（即现在的“阿诗玛庭院餐厅”）。文昌食堂每到下午两三点钟，就开始生火炸油赞子卖，那时店门口并没有蜿蜒的队伍，顾客随到随买。几经变迁后，文昌食堂解散，随后变成“鼓楼书场”，但在墙门一角，依旧有人炸油赞子。本世纪初，油赞子铺迁至鼓楼步行街，生意兴旺得一发不可收拾，半个世纪的长情，油赞子的美味逐渐深入吃客的心髓。

旅游之中尝过不同口味的麻花。天津的“桂发祥”层层叠加，入口酥脆；重庆磁器口的“陈昌银”，集甜、麻、辣于一体，回味无穷。那些味道并非不好，但终究不同于老宁波的味道。2011年，十大宁波人最喜爱的“甬尚小食”出炉，第一便是“王阿姨文昌油赞子”！对它的偏爱或许来自记忆，炸得酥脆的油赞子，总觉得只有宁波的好吃。可见在何处吃何东西，是勉强不得的。

童年的记忆里，怎可没有年糕！即使没有亲手搡过，也必定亲手切过年糕片。过年前，搡年糕是一年中最壮观、也最富有仪式感与戏剧性的活动，甬城旧俚“十二月忙年夜到，挨家挨户做年糕”。一条条洁白如玉的年糕，体现了一种最为朴素的丰盛感。

年糕做好收工后不久，在草席上或门板上晾了几天的年糕，渐渐变硬，为了储存，要把它们投入大缸里，用清水“养”起来。有些大户人家实在吃不完，想出了另一种储藏办法——将刚晾干的年糕切片，阴干之后放入铁皮箱。如此一来，年糕储藏的时间能更长。

年糕切片晾干后，就可以爆年糕干了，宁波人称之为“年糕胖”。对宁波孩童来说，它是一种再普通不过的零食。在我们小时候，常有上了年纪的老伯挑着风箱，走街串巷为男女老少爆年糕

胖。年糕胖白中带微黄，一块块像猪八戒的耳朵，一把抓在手里，咬上一口，香、脆、松，堪称早期的“休闲膨化食品”。如今超市里的“旺旺”雪饼，究其根源，传统的年糕干，算得上是它的“老祖宗”。

小时候，每当听到弄堂口“砰砰”的爆米花放炮声响，全身就像打了鸡血一般兴奋起来，心痒得一个劲儿想往外冲，墙门里来了爆米花师傅，大概是孩子们最开心的日子。央求大人去爆点年糕片，然后抱起柴火，积极地去排队，听着“砰砰”的爆炸声，还不忘与小伙伴掩耳相互打闹一番。闻着弥漫在空气中特殊的米香，暗数着长队何时轮到自家。

爆响的那一刻，心底乐开了花。小伙伴们心领神会地把手紧紧捂在耳朵上，一声巨响后，一大堆年糕干已经弹进了兜里。几片年糕干会从黑色的袋子里钻出来，掉在地上，赶紧捡起来放进嘴里，一点都不会嫌脏。又香又脆的"年糕胖"，够孩童们吃上十天半个月的。它有着最原始的香味，掺杂着五谷杂粮的妥帖，一片接着一片，总有一种可以吃到天荒地老的美好错觉。

然而，爆年糕片终究要花钱，做大人的，一个月的死工资，能省则省，断不会经常如此慷慨，因此还是炒年糕干来得实惠。这种家庭自制炒年糕干，往往吃着不及闻着香，但廉价、质朴，更有爱。

放沙子炒，是淡口的；放粗盐炒，则略带咸味儿。看着年糕干蓬松变黄的时候，用大眼的网兜一过滤，围在锅沿旁的孩子们都迫不及待地抢起来……别出心裁的人家，做年糕时，会在米里掺入番薯干，做成番薯年糕。用番薯年糕切成年糕片，放在大镬里油炸，那便是年糕干中的"高大上"了，吃起来有甜味，美味令人难忘。

我们的童年时代，零食虽不丰富，但因为有了年糕干，时光也变得香甜。长大后，到了秋冬时节，街头的炒货店也有年糕干卖，偶尔，买上一袋，重新咀嚼一番，味道一如从前，因为有时间、记忆的修饰，觉得更香……那味道，总会勾起一幕幕最不能割舍的童年印象。

旧时，宁波寻常人家的橱柜、桌角旮旯里都会摆着几个锡罐子，瓶身有各式凹凸浮雕图案，大概是上一辈的传家之物。这古香古色的“老古董”不仅是摆设，还能作储藏零食之用，密封效果虽比不上如今的“乐扣乐扣”，但仍具备一定的防潮功能。

若家里来了“人客”，主人就会打开锡罐子，什么茴香豆、年糕干、豆酥糖、油赞子、牛皮糖等老派零食，一一摆开。若在秋冬季，打开锡罐盖子，会有一股扑鼻的米香味儿萦绕屋内，很多老宁波都会猜到：里面一定是炒毛麸，那熟悉的香气，总能勾起一丝昔日的记忆。

炒毛麸（方言音：mō fū），用普通话读来，会误认为麦子炒后磨粉。实则不然，宁波人多是用稻米磨制。旧时宁波乡村有风俗，每

年稻子收割完后，全村每家每户都会磨炒米粉做零食吃。在物资贫乏的年代，一口简陋的炒毛麸算得上时令美食。

大人用棉布缝制一个巴掌大小的白袋子，里面装进炒毛麸，再插上一节竹管。袋口用线绳扎住，挂在脖子上。想吃时，就吸一口竹管，有时还会被呛住。孩子们常一起玩耍，这时，一袋炒毛麸就成了小伙伴们的共享食品，也顾不得嗒嗒滴的口水，你吸一口，他吸一口 …… 这情景，讲给现在的孩子听，他们已不能理解，但是对当年的许多孩童来说，能吸上一口炒毛麸，确实是一种难得的美味。

磨制炒毛麸，并不复杂。取糯米和早稻米按比例混合，讲究一些的，用清水淘洗一下再晒干。洗和晒两道工序是有必要的，一来是洗去灰尘杂物，二来晒得热烘烘的，炒起来米会更香、更蓬松。炒制时，火候也是关键，不能急火上攻，而是要小火慢炒，听到米粒有微微的炸声，微微泛黄时，就可出锅了。

若要味道更好，老人们往往会在里面掺入炒好的芝麻、黄豆和烘干的橘子皮。待到炒米、芝麻、黄豆等都凉透后，再拿到石磨上拌入白糖干轧。这一轧不要紧，孩童们闻香而来，肚里的“馋虫”瞬间被勾起，于是乎，纷纷围聚在石磨周围，阵阵口水在嘴边转悠。有些胆大的孩子，还迫不及待地抢在石磨旋转的间隙，眼疾手快地撮些炒毛麸往口里送……

不光是孩童，就连上了年纪的老婆婆、老公公也都偏爱炒毛麸。因为它香甜可口、入口即化，特别是那股炒米的特殊香气，逗引得人们忍不住要多吃几口。

掺入炒黄豆、橘皮的炒毛麸，还能开胃助消化，多吃也不会积食。对于如今吃惯了精粮的人来说，吃点炒毛麸是有好处的，从营养角度来看，它里面含有丰富的B族维生素，这正是现代人缺乏的。旧时的锡罐，如今已难得见到了。偶尔看见，难免让人回忆起当年干吃炒毛麸和麦乳精的乐趣。这样的乐趣，如今城里长大的孩子是体会不到了。

“生得介像啦！活脱脱用印糕板印出来一样……”这句韵味十足的宁波老话，常用来形容兄弟姐妹长相酷似，出自同一娘胎。但凡上了年纪的人，大概都记得印糕，这种可以喂饱馋虫的小零食，总能牵扯出幼时兄妹之间的一段段往事。

兄妹们一起嬉戏玩耍，不得消停，疯癫过后容易饿，若将一个金团或油包塞入肚皮，又该不吃晚饭了。而大人们往往取来几块印糕递给孩童，一番你争我夺之后，每人都能吃得几块，既能垫饥打馋虫，又保正餐不落下，可谓一举两得。

宁绍平原，自古土地肥沃，稻米充盈。旧时，每当逢年过节、造屋上梁、添丁进口、拜寿婚嫁，家家户户都要用新米磨粉做一些糕团。其中就不乏印糕，它既可作糕点零食，又可招待客人或馈

赠亲友。

江南水乡几千年的传统文化，带有浓郁的民俗特色。印糕表面都印有一些吉祥图案，譬如福禄寿三星、麒麟送子、花鸟鱼虫等，一个个像是艺术品，形味俱佳。那几块祖传的雕花印糕板，略带几许斑驳，却倾注了人们对美好生活的向往和憧憬，也是江南“稻作文化”的产物。

旧时，稻米收割进仓后，便是宁波人的农闲时光，也拉开搡年糕、烘印糕的序曲。烘印糕需要“火缸”，老底子“火缸”的用处可大了！焐粥、炖茶、烘糕都能派上大用场，遇到黄梅阴雨天，还可以烘尿布。而传统宁波印糕，究其正宗与否，离不开灶跟间的“火缸”，只有那股稻草灰的烟熏味儿，才够正宗地道。

做印糕，要的是慢工出细活。先将早稻米在锅内炒黄、炒香，冷却后用石磨磨成细粉备用。锅内放等比例的黄糖和水，文火慢慢熬制，等到锅铲一提，呈藕丝状时，熄火凉透。将磨好的炒米粉与糖稀拌匀，以粉捏成团不散开为好。

取印糕板，在板底下均匀撒入一层松花粉，将混合的粉团塞入印糕板内，用手压实，整块板全部填满后，垫上一张箬叶，用擀面杖反复擂平，为的是让烘出的印糕更加紧实。然后翻过糕板朝下轻轻敲打，一个个生坯跃然于案板之上。取铁筛子，上面垫一张纸，将印糕坯子整齐地码在铁筛内，然后将铁筛子置于“火缸”上，舀出灶膛里的稻草灰，持续烘 6~8 小时后，松、香、脆的印糕就做好了。

一排排“微型浮雕”被搁在火缸上烘，如同制作精美的工艺品。在散发着烟火味的香甜中，人们边观赏，边品尝，其乐融融。烘制

好的印糕，待其充分凉透后，要及时装入锡瓶或火油箱里，以防受潮、串味。

印糕，这种传统的宁式糕点，由于耐保藏，旧时上京赴考之人，常将其用作干粮。现如今，随着生活水平的提高，各种零食层出不穷，像印糕这类传统宁式糕点渐隐于世，偶尔翻出几块陈旧的印糕板，才会想起金黄酥脆的印糕，渐渐唤醒了老宁波那些沉睡的陈年往事。

鞋底饼

宁波海曙区有条县学街，全长不过500多米，东起开明街，穿越解放南路，西至镇明路。旧称“县学前”“郡庙前”“石柱桥跟”，后“以县学宫为定名”，遂称“县学街”，沿用至今。县学街以北有座郡庙，宁波老百姓唤其“城隍庙”，供奉着城隍老爷。

新中国成立后，老城隍庙的泥塑已荡然无存，逐渐成了各方小吃的聚集地，庙里的大锅、小锅整天冒着诱人的热气，叫卖声、吆喝声此起彼伏……在宁波人眼里，城隍庙是无人不知的美食城。周末逛街后去城隍庙品尝小吃，已成为普通宁波市民生活的一大点缀。

说起城隍庙的点心与小吃，有一样，我是记忆深刻的。每天下午三四点钟，临街门头会飘来一股焦香，不用问，那是刚出炉的鞋

底饼。这种在宁波街头已经绝迹多年的闲食，如今不晓得还有没有人记得？鞋底饼嘛，顾名思义，因其形状像一只鞋底，故以此为名，虽然略显粗俗，却也形象生动。这种草根美食，我小时候路过城隍庙，必定会买上几只解解馋，儿时滋味，至今犹存。

刚出炉的鞋底饼，金黄色还泛着亮光，没入口，就有一股葱香味扑鼻而来，咬一口又酥又脆的，一下子就勾起了肚里的馋虫。它上层比较酥松，下层结实、很耐嚼，中间是糖浆和芝麻馅，也不会很甜，人们都爱吃。最好吃的还属椒盐味的，里面的葱香最好闻，它酥脆可口，掉渣掉得严重，和苏式月饼的表皮差不多，吃的时候还要用另外一只手兜在嘴巴下面接住，以免浪费。

鞋底饼的制作工艺不复杂，只是需要花些工夫，油酥、水油皮、馅心是必需的。鞋底饼是单层，把它做成了多层酥，口味就不地道了。用油酥和面时，要反复揉五六次至完全均匀为止，这样烘制出来的鞋底饼才薄得透明。馅心的制作，是个精细活儿，譬如椒盐要先在镬里煨熟，再用擀面杖擀得极细，这样酥饼才不穿孔、不露馅。又有“三分料，七分烤”之说，烤制时炉火不能太旺，并要不时翻动，直到酥饼呈鲜亮光泽，散发出清香时出炉。

制作关键是油、水、面的比例，最难掌握的，就是温度，需要烘烤师傅不离炉膛。顶级的鞋底饼，饼表面的糖粒，出炉时是白的，等饼的余温散完，糖粒变成焦黄色，这时的鞋底饼口感最好，此番境界最高。如果表层撒芝麻的，那是“蟹壳黄”烧饼了。蟹壳黄用的是发面油酥皮，馅料不多，只为搭点味道，表层布满焦黄的芝麻，就像一只只蒸熟的蟹壳一样，此两者极易混淆，好多宁波本地人也拎不清。

北方的饼，个大面厚实，常为果腹垫饥的主食，有大快朵颐的豪情。而宁波的鞋底饼，讲究一个精巧与细致。所谓点心，是点到为止，是锦上添花，是意兴阑珊，而不是用来充饥的。一个松、脆、香、酥、甜的老宁波鞋底饼，饱含着江南水乡、宁绍平原的古早味儿。

江南的冬天寒冷而多雨，铅灰色的云笼罩天空，映得整个城市都是黯黯的灰绿色。若此时，一打鞋底饼刚出炉，冒着缕缕热气，趁热买来趁热吃，或在凄风苦雨的街头，于瑟瑟行人之中，吃来最有味道，热乎乎，香喷喷，满地碎屑。抑或晴日，于冬日午后的阳光里，沏上一杯绿茶，再咬上一口鞋底饼细嚼，那种滋味，真叫作现世安稳，岁月静好。

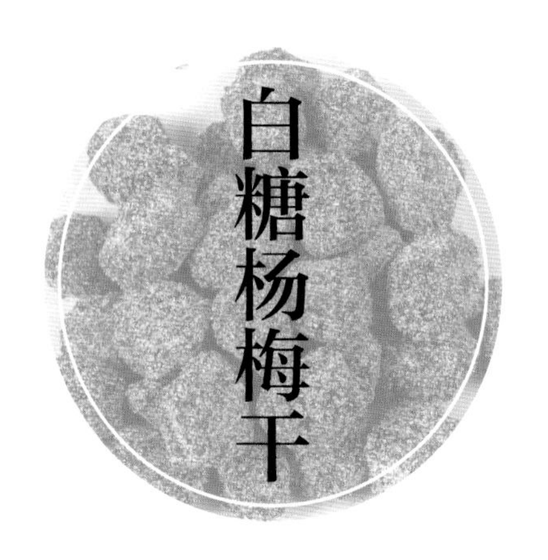

白糖杨梅干

杨梅，是吴越一带特有的水果，果实色泽鲜艳，甜酸适口，营养价值较高。上世纪70年代，发掘河姆渡遗址，在现场发现了杨梅核，这种名果，在余姚、慈溪一带栽培已有六七千年的历史。而余姚丈亭、慈溪横河境内的“荸荠种”杨梅被公认为上品，其果大，核小，呈紫黑色，味甜汁多。北宋文豪苏东坡在品尝杨梅后，对它的评价最是直截了当：“闽广荔枝，西凉葡萄，未若吴越杨梅……”

杨梅有生津止渴、健脾开胃之功效，多食不仅无伤脾胃，更能解毒祛寒。祖国传统医学对其亦有很高的评价，李时珍在《本草纲目》中说杨梅“可止渴，和五脏，能涤肠胃，除烦愦恶气”。宁波人对杨梅一向情有独钟，杨梅文化也已经渗透到人们生活的诸多方面。民间还习惯挑选上等的杨梅浸于白酒之中，加冰糖制成“杨梅烧

酒”。绛红色的杨梅酒几乎是宁波人居家必备之消夏良品。

在赤日炎炎的盛夏，晚饭前，一杯杨梅烧酒，几颗杨梅，是民间最简单、最有效的解乏、防痧气中暑的土法，它能消暑开胃，令人气舒神爽，若是家中有人腹泻，吃两三颗浸过烧酒的杨梅，当即便能治愈。三伏天里，太阳落山后，弄堂内凉风习习，从老墙门里搬出桌子，在天井屋檐下吃晚饭的人最多，杨梅酒的香气，能从巷头飘到巷尾……

杨梅不仅能泡酒，还能做蜜饯。70后宁波人寻觅儿时回忆，一包白糖杨梅干就能唤起很多童年往事！上世纪六七十年代，甬城烟杂店，几个斜放的大口瓶里有各种蜜饯和零食：咸橄榄、盐津枣、奶油桃片、山楂片、鱼皮花生、潮州话梅、粽子糖，还有本地的白糖杨梅干……我至今还能“如数家珍”。

小时候去看电影时，我都会买上几包白糖杨梅干，既便宜又好吃，边看边吃。杨梅干外面包裹着一层白色的糖霜，吃在嘴里酸酸甜甜的，是我最爱的蜜饯。酸甜可口的杨梅鲜果时令性强，保质期极短，除了制作杨梅酒外，将杨梅制作成蜜饯，能将美味长久封存，是儿童的福音。

宁波人自制的杨梅干，很少晒制，多在锅中熬制而成。原因有二：一是逢杨梅大量上市时，宁波正处“黄梅天”，阴雨绵长，可晒杨梅的“红猛日头”，屈指可数；二是，即便碰到“红猛日头”，杨梅含糖量高，受蝇虫侵扰后，细菌极易繁殖，晒杨梅干不成，反成“馊气杨梅”了。所以，熬制成干的方法比较靠谱。

新鲜杨梅漂洗后，锅里放少许盐，加盖水煮。盐可除去酸涩，还能使杨梅变得更甘甜。水煮开后，根据个人口味，加入冰糖或白糖，一直熬煮到水慢慢变少，汤汁越来越黏稠，这时要改作小火熬，还要用勺子不停搅拌，防止粘锅。

差不多要煮干的时候，挤入几滴柠檬汁搅拌下，等到卤汁全收干，将杨梅干盛出放在大盘上晾凉，拌入绵白糖（不用白砂糖），赤紫的杨梅干裹上了一层白霜后，一下子变得白里透红！将其装入玻璃瓶或保鲜盒里密封，再放入冰箱中保存，吃上很久也不会变味。

“夏至杨梅满山红”。在宁波，杨梅产量有“大年”和“小年”之分。若逢“大年”辰光，临近夏至，慈溪、余姚等本地杨梅便迎来了最灿烂、最巅峰的时刻，不少宁波人家里，亲戚、朋友之间送来送去的，杨梅“泛滥成灾”。

杨梅的采摘期很短，一般只有 10 天左右，保鲜期更短，旧时没有冰箱，搁置两三天后，杨梅便开始腐败变质。制作杨梅干，又嫌其费时，但这难不倒聪明的宁波主妇们，她们会制作“杨梅卤”，新鲜杨梅加糖熬制，浓缩成卤，装入瓶中密封后放置于阴凉处，久放不坏。盛夏濡热的三伏天里，舀一勺杨梅卤兑水一冲，用井水镇凉后，味浓而酽，酸甜可口，堪比老北京信远斋的“酸梅汤”，很少人能只喝一小碗，而不再喝第二碗的。

但对孩童而言，最爱的还是白糖杨梅干。有时喝过中药后，妈妈会递给我们几颗杨梅干吃，可一扫口中药汤残留的苦涩。宁波籍的著名作家鲁彦，将杨梅干比作“最甜蜜的吻”。即便是一道蜜饯，也能吃出浙东的风雅。每一根“杨梅刺”，平滑地在舌尖上触过，细腻柔软而亲切，好比最甜蜜的吻，使人迷醉。

麦芽糖与陈糖

小时候，在宁波的街头巷尾、墙门里弄，偶尔会听到“鸡毛——兑糖喔！”的吆喝声，一阵阵拨浪鼓的声音越来越近。不用问，“鸡毛兑糖”的小贩又来了，熟悉的身影重现……

这些小贩，听大人们说，大多是从义乌过来的。他们挑着两只箩筐，一头放麦芽糖，一头放收来的杂物，走村串巷。时不时，拿起小铁锤和铁糖刀互相撞击，那清脆的响声穿透力极强，脚还没踏进老墙门，撞击声已传到孩子们的耳朵眼里了。

我们这些馋嘴的小孩，忙不迭地拿出从屋里搜刮来的破铜烂铁，向小贩兑取几块麦芽糖。若还不过瘾，有些没头脑的孩子，甚至会把家里的铜勺、铲刀偷出来兑，被大人发现后，少不了一顿猛揍。

听到有人招呼，小贩便停下来。无论是一双破胶鞋还是晒干

的鸡毛鸭毛、一支牙膏皮，甚至一束头发，他都乐滋滋地接过去，丢在破烂的箩筐里，然后根据贵贱，叮叮当当地敲着铁刀切麦芽糖饼。铁刀薄而无刃，只靠小锤的敲打，使糖饼震裂，敲出或大或小的糖块。

兑到麦芽糖的小孩，小心翼翼地尝上一口，顿时，一股清香甜软在口腔里弥漫，麦芽糖特有的甜韧，饧了牙龈和牙齿。在那个物资匮乏、甜点零食少之又少的年代，麦芽糖的确是一种难得的美味。

麦芽糖，又叫"饴糖"，是民间一种古老的制糖方法。先将小麦浸泡，让其发芽到三四厘米长，取其芽切碎待用。将陈年糯米洗净后倒进锅焖熟，与切碎的麦芽搅拌均匀，待其充分发酵，直至转化出汁液。而后滤出汁液用大火煎熬成糊状，趁热将其捏成形，冷却后即成琥珀状糖块，是为麦芽糖。它也是北方人腊月廿三"送灶"时的"糖瓜"，"灶王爷"吃了这种糖，牙齿被麦芽糖粘住，上天庭后专讲好话。

旧时，麦芽糖既可作零食单吃，也是许多食品加工的原料，如冻米糖、藕丝糖等，都是用它来做辅料的。在这糖里加生姜，就成了姜糖；加些薄荷香精，就成了薄荷糖。趁糖团还软的时候，缠绕在木桩上用双手扯糖、拉糖，这个过程十分消耗体力，通过不断拉扯，原先微黄的糖团就变成象牙白了，趁其未冷却，可用剪刀剪成各种形状的糖块。

回忆我的小学时光，放学后总喜欢买点小零食，什么油墩子啦、干脆面啦，印象深刻的还有"陈糖"，它大概是液体的麦芽糖。

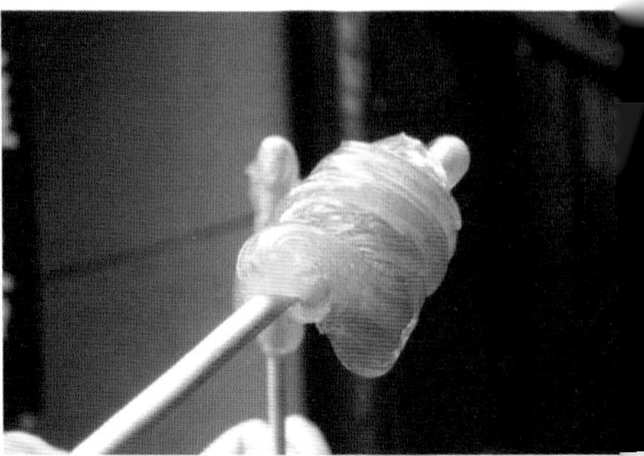

小贩将盖有锅盖的搪瓷盆在校门口的街边一放，就能吸引很多小学生。不用猜，那肯定是“陈糖”啦，盆里的糖稀透明有光泽，宛如松脂琥珀，煞是好看。

花上几毛钱，小贩就会拿两根木棍搅上一团递过来，男生、女生都喜欢把它当作玩具，一路搅着回家，偶尔舔一两口，甜蜜蜜的，还挟带一股焦糖的香气。随着不停地搅动，“陈糖”的颜色由深变浅，从晶莹变透亮，量也渐渐减少……多年后，读到梁实秋笔下的“猫屎橛”和“狗屎橛”，作者童年时代的两种小甜食，与“陈糖”如出一辙，那些尘封已久的思绪，伴着儿时的味道，一路呼啸而来。

上小学时，放学路上，只要听到一声低沉的放炮声，就会下意识地朝那个方向跑，眼前必定是那幅画面：邋遢的爆米花师傅，一手摇着高压罐在炉火上加热，一手拉着风箱掌握火候。而我脑袋里，全是白花花的爆米花，嘴里，是加速分泌的口水。

果然不出所料，在拐角处，师傅正将罐子摇离炉火，罐口对着竹编的长篓，脚一踩，手一拉，我赶紧捂住耳朵，“砰”的一声闷响，蒸汽随之喷出。长篓有破洞，爆米花会从洞里漏出来，趁着雾气，眼疾手快地猛抓几把。当然会招来几声呵斥，幸运的话，会抢到一两把爆米花，塞在口袋里，而后慢慢享用。爆米花是普通话，换成宁波话，叫“冻米胖”。

在没有巧克力、炸薯条的年代，“冻米胖”“年糕干”可能是里

弄孩子一整个冬季都念念不忘的零食，尤其是在寒冷冬日里，米香萦绕嘴边，无不招惹得“小顽”“小囡”们舌下生津，就像小老鼠掉进了米缸里。

“冻米胖”虽好吃，但加入饴糖制作成松脆的“冻米糖”更是难得的美味！狠狠咬上一口，立即能被那种甜蜜暖暖地拥抱。从“冻米胖”到“冻米糖”，包含着食材转化的灵感，松脆的米粒带着微微的黏。长大后，当我尝过“萨其马”，那种空虚的松脆，竟与儿时的“冻米糖”有种奇妙的相似。

宁波的“藕丝糖”“豆酥糖”远近闻名，宁波人有一手熬麦芽糖的好手艺。制作“冻米糖”，先将糖熬开，拌上爆米花后，倒进木框里打制而成。其实，熬糖拌爆米花，时间和比例最难掌握，糖多了，切不开，糖少了，粘不牢；熬的时间短了，搅拌不匀会散架，时间长了会烧锅，爆米花就变成焦炭。

年前，家人要准备几样零食，偶尔也会自己动手制作“冻米糖”。天井里架着一口锅，大人们将混好的米糖倒入案板，有时我帮家人按住木架的四周，大人则抡起斧头打紧米糖，此起彼伏的“乒乒乓乓”声，汇成一首祥和的过年曲。切糖要做到下刀快、厚薄匀，切好后用塑料袋装好，注意防潮，放进锡罐子里，一直能吃到年后。开春后白铁皮箱见底，心里又在盼望着下一次制作冻米糖的辰光。

我读过汪曾祺的《炒米与焦屑》，记得汪先生写道：“炒米是各地都有的。但是很多地方都做成了炒米糖……（江苏高邮的炒糖）像别处一样，切成长方形的一块一块……”汪先生所说的炒米，通常用来泡米糊，大约是江苏高邮的习俗。宁波人所说的炒米，是不加糖粘结，是散的；而且不是作坊里做出来，是自己家里炒的，把它碾细后便是汪先生笔下的“焦屑”，宁波人谓之“炒毛麸”，直接当零食吃。用炒米做成“冻米糖”的极少，吃到嘴里米香四溢，但不及“冻米胖”来得松软，多半是从浙西一带流传而来。

即便是现在，仍有很多人喜欢吃冻米糖。随着外来人口的涌入，做冻米糖的人越来越多了。秋冬时节，宁波的街头时常能看到做冻米糖的小摊，皆是现做现卖，大多是金华、衢州、江西人开的夫妻档。纯手工制作的冻米糖，花样百出，其间还夹有花生仁、芝麻粒，又香又脆，深受甬城市民的喜爱。但宁波人脑海里最难忘的，还是过年前与家人一起在老墙门内制作冻米糖的情景，还没等大人切好，自己偷偷用小手掰下一块来尝尝，那味道才香甜。

宁波的丘陵山地，都适宜种植番薯。秋风萧瑟，晚稻割完之时，番薯也大获丰收，霜降前后，四明山一带种植的番薯，也陆陆续续收获完毕。逢农闲季节，农民蹬着三轮车出现于宁波的街头巷尾，车上的番薯堆成小山高，量多价贱。趁着新鲜，墙门里的左邻右舍，都会买上一大袋子番薯，留作粗粮用，偶尔亦做汤果点心，很香甜。

但孩童们最为企盼的，是大人们用它们来做番薯屑。番薯屑（也有人写作“番薯饼”），是宁波人的叫法，不是将番薯作主粮，而是一种茶余饭后用来消遣的零食，香脆可口，很讨孩童的喜爱，逢年过节，装一盘用来招待客人，也极受欢迎。

买回家的番薯，挑出有烂疤的，或个头小的，先将其吃掉。那些个头大的、无虫眼的，才留着做番薯屑。一个多月以后，草窠里

的精品番薯，表皮开始起皱，淀粉渐渐转化为糖分。抢一个晴好的天气，拎起这些番薯到井口，用清澈温暖的井水洗净，然后削皮，切块，晾晒。

晾晒好的番薯入锅，隔水蒸透。取出晾凉，待冷却后，就可放在大盆中捣烂。“捣”只是初步过程，“揉”才是关键步骤。将捣烂的薯肉，包在一块干净的湿布中，除去经络后，用力地揉，直把番薯肉揉成面粉团一样，没有一点硬块，光滑圆润，这一道工序才算完成。然后根据家人的喜好，掺入芝麻、生姜、桂花或碾成细末的陈年橘子皮等，不够甜的，再添些糖。

把揉好的番薯团放进容器中压实。老底子，不少人家用的是方形铝饭盒做模具，填满番薯泥后压实倒出，一夜过后，薯泥已经

变成结实的“糕”，这时，就可以切片。将其切成大小均匀的薄片，晾晒在米筛或团匾上。

西北风呼呼一吹，半成品的番薯屑变得更甜了，老墙门内，差不多家家都晒着番薯屑，谁走过都想抓几片尝尝，趁大人没看见，孩子们就偷偷从竹匾里抓上一大把塞满衣袋，然后跑到外面找小伙伴玩去。

大人们的意图，是将生番薯屑放到过年时炒了吃的，还可招待客人，但小孩子哪里等得到那一天。事实上，番薯屑在将干未干时，味道最好。不用炒，直接就拿来吃，嚼起来像牛皮糖，韧结结、凉悠悠、甜津津……几个小孩聚在一起，吃得肚皮胀了，连晚饭都省下了。

当番薯屑晾晒得又硬又干时，大人们就将它们收起来，放到"火油箱"里，藏到过年过节再来炒。每当家有来客，或除夕夜团圆饭过后，锅底下烧起柴火，将沙子炒热后，倒进生番薯屑不停地翻炒，不一会儿满屋飘香。当番薯屑由灰白变作金黄色时，用筛子将沙子和番薯干分离。每到这时候，孩童们往往不顾番薯屑火烫，伸手抓上几块，用力吹几口气，然后迫不及待地放进嘴里……晾凉后的番薯屑，一咬带响声，又脆又甜的，还夹带着一股焦香，一时三刻还真住不了嘴。

云片糕

云片糕，是江浙一带很常见的糕点。有些宁波人又称其为“雪片糕”，因其片薄、色白、质地滋润细软而得名。它历史悠久，源远流长，传说乾隆皇帝下江南，临窗赏雪而有缘与其结识，见其外形似窗外飞舞的雪片，故赐名“雪片糕”。

清人茹敦和在《越言释》中写道：古者茶必有点，无论其为硙茶为撮泡茶，必择一二家果点制，谓之点茶。饮茶搭配云片糕，其白如云，其薄如片，名曰云片，高雅又适当，喝茶吃糕，最能体会那种“云深不知处”的岁月静好与现世安稳。

江南一带的糕饼店铺，都制作出售云片糕。宁波通商开埠后，三江口城区一带涌现了多家糕团店，当时流传旧谣：“宁波南货六大家，大同大有董生阳，方怡和和升阳泰，还有江东怡泰祥。”其中

的“赵大有”，不但龙凤金团、水晶油包出名，其云片糕味道也好，老宁波人都心里有数。商家在云片糕上面敲盖上一枚枚带有“大有”二字的红印，老宁波人认为，这样的云片糕才算正宗。中秋前夕，左邻右舍都要置办一些云片糕、苔菜月饼来祭月，此风俗，至今犹存。

清香扑鼻的云片糕，制作的原料和工艺极为讲究。主要原料是糯米、白砂糖、猪油、芝麻、糖桂花。糯米要碾去外壳，留下米心，炒到糯米呈圆形，不开花即可；磨粉需连续过筛，最好陈化半天，白糖也要磨粉。根据时令不同，可掺入核桃肉等食材，添熟猪油将各种原料充分掺和拌匀，压缩成形。最后用锋利的大方刀，切成整齐且薄的糕片，用红纸封好，久藏不硬。揭开红纸，一股淡淡的桂花甜香迎面扑来……

偶尔翻书，却看到云片糕的身影，民国女子张爱玲，她小时候常常梦见吃云片糕，不过“吃着吃着却变成了纸，除了涩，还感到一种难堪的怅惘”。印象中，丰子恺也写过一篇《胡桃云片》的小品文，苏青是否写过已记不清楚了。

在我喜欢的几个作家中，他们的散文，都不约而同地提到云片糕，每每读到，难免也会想起我幼时吃糕的情景：撕开包裹的红纸，云片糕一片一片均匀叠在一起，散发着淡淡的桂花香，轻轻一甩，可呈扇形张开，用手揉捻，卷曲不裂，松手还原。拈一片欲尝，还未入口，就已清香扑鼻，真入了口中，松软细腻，清甜滋润，瞬间即化，令人陶醉。

逢农历八月十五前后，有三秋桂子，遍地开放。轻轻推开轩窗，便能嗅到满城飘香。几天过后，偶尔一股冷空气造访甬城，秋雨初霁，也抖落了一地迟桂花。香甜的木樨香气化身为精灵，附着于食物上，飘荡于人世间。

于此时节，泡一壶碧绿生青的好茶，慢悠悠剥下几片云片糕吃吃，“偷得浮生半日闲”，附庸风雅一番，依稀还能从云片糕中领会些许流韵。只是塑料包装纸代替了原先的红纸，总感觉有点俗气，失去了先前的厚重感。而那一张包云片糕的红纸，老人们曾用它包压岁钱给孩童，也不由地联想起小时候打开压岁钱时的喜悦心情，那些萦绕在记忆里的话语和滋味，从未远离……

从苏东坡到梁实秋，从白居易到周作人，历代名家撰写美食评论，都少不了笋。自古以来，竹笋就是一种上好的食材，其鲜嫩爽脆的美味，鲜有人能抗拒。浙东四明山脉绵延余姚、鄞州、奉化，竹林众多，故宁波人的餐桌上，一年四季不缺笋。

宁波人，个个是吃笋的行家：春笋嫩，油焖笋非取春笋不可；冬笋是稀罕货，大年三十年夜饭才上桌；取笋放汤，最为鲜口的，还要数盛夏里的鞭笋；小小一碟“麻油羊尾笋”，乃是三伏天里的“压饭榔头”，顷刻盘空。

“江南鲜笋趁鲥鱼，烂煮春风三月初。”开春后，寻常宁波人家的饭桌，就少不了各种笋菜，红烧、油焖、凉拌……无不叫人大快朵颐。据传，清代的李渔喜食春笋配“长江刀鱼”，称其为江南一鲜。

而事实上，鱼同春笋一起烧的吃法，许多宁波人前所未闻。宁波人还是固执地认为：春笋和肉类的搭配才堪称完美，譬如那流传江南多年的“腌笃鲜”和“笋干老鸭煲”，才能真正体会到“烂煮春风”的江南味道。

惊蛰过后，毛笋大量上市，价钱逐渐变得便宜。毛笋是一种时令性极强的食材，过不了多久，随着蚕豆上市，毛笋就会销声匿迹。而巧妇们趁此季节，为了保存笋的美味，就在房前屋后晒起笋干、笋丝霉干菜……

家有老饕者，还会晒上几斤“笋脯花生”“笋脯黄豆”。闲时，取一撮，抓一把，细嚼慢咽一番，能吃出火腿的味道。它既可作下酒菜，也可以当零食，用来过泡饭，也是极好的，放入冰箱保存，可一直吃到来年正月。

汪曾祺在《食豆饮水斋闲笔》中写道：“稻香村、桂香村、全素斋等处过去都卖笋豆。黄豆、笋干切碎，加酱油、糖煮。现在不大见了。”其实，笋干黄豆，就是宁波一带的“笋脯黄豆”，但用花生取代黄豆,晒成的“笋脯花生”味道更佳。

富有江南风韵的笋脯花生，可以让牙齿和牙床充分体验咀嚼食物的快感。记得小时候，我们一把一把地将其作零食吃，往往还没等到开饭，一大碗笋脯花生就见碗底了。父亲的下酒菜被我们偷吃光了,他也不愠,母亲又会端来一碗。

每年春笋大量上市的时候，母亲总要烧些笋脯花生。简单地说，毛笋切丝伴花生加酱油，就可以做成笋脯花生。但要做出好吃的笋脯花生却不是一件易事。我第一次做就出了洋相，差点烧糊了锅。

试过几次后，才渐有一点心得：有人喜欢吃硬花生，谓其有嚼头，但我喜欢先将花生米用水泡一下，再将笋丝加油、红糖、酱油和茴香桂皮，翻炒后添水，慢慢煨至锅将干，转成大火收汁，最后淋入一汤匙麻油，拌匀后就可起锅了。

烧好后的笋脯花生酱香浓郁，将其均匀地铺在团匾里晒上几天，挂在屋檐下晾干。经过这一番处置，花生变得干瘪发皱，笋丝变成小条状，散发出浓郁的花生清香，特有嚼头。幼时，我每次路过团匾，总要偷一把来吃，那几天，肚子总是鼓鼓的。

无论大人，或是孩童，在他们眼里，笋脯花生都是很受欢迎的。大人们烫老酒时，喜欢从锡坛里装上一碟，佐酒慢笃笃地品尝，悠闲地消磨着时光。至于那些晒干的笋脯黄豆，则是特意为孩子们准备的，就由着他们抓着吃，只是偶尔会传来“少吃点啊，先把碗里的米饭扒干净啊！”这样充满了慈爱关怀的声音，回旋在昏黄的灯光下……一把笋脯花生，偶尔也会入梦来，点点滴滴铺满了我们的童年。

糖糕与麻球

糖糕与麻球，都是油炸的甜食。印象中，炸糖糕、麻球的店家，多是做大饼油条的夫妻老婆店，他们清晨贴大饼，炸油条，卖粢饭、豆腐脑，到了下午两三点钟，又生火起灶架油锅，开始炸糖糕、麻球。这些小本生意，养家糊口也不容易。

大饼油条，乃早餐中的生力军，是用来填饱肚子的；而糖糕麻球，更多的是被视为小点心，出现在下午的时光里。于孩童而言，它们是甜甜的，最具吸引力。

宁波糖糕，与细长的油条相比，形状较为“结棍”，做法很地道。糖糕的甜来自糖霜，糖霜是面粉混合油糖制成，是制作糖糕的关键。先将发酵好的面团搓成宽约 5 厘米的圆形长条，压扁，再擀成一条长而窄的面皮，切成较短的一条后，中间嵌一层糖霜对折，丢

进油锅。

师傅操一副超长的竹筷子，在油锅里拨弄，对折的面皮便慢慢膨胀、撑开，等颜色转至金黄色，一个“V”形就呈现出来了，待其颜色转为焦黄，便将其一一夹入铁丝网篮，待油沥尽，拿白纸一卷，向买者递过去。

当你接过糖糕后，依旧很烫，虽然沥了油，还是热透手心，轻轻一掰，一股混合了焦糖的香气，扑鼻而来。糖糕的甜味源自白砂糖，经油炸后，有一股特殊的甜味儿，若店家搁了糖精，骗不了老吃客，甜得太突兀。

麻球，好比糖糕的孪生兄弟，两种甜点总是如影随形。品质高的麻球个大、皮脆、色泽微黄，一层芝麻紧紧地镶在皮面上，口感香甜绵软，糯米粉黏却不粘口，馅料通常是豆沙或芝麻的。麻球成败在于油炸。油锅三成热，用锅勺将麻球轻轻压扁，帮助麻球均匀受热，膨胀，压扁，再膨胀……麻球的直径会越来越大。最后用五成热油再炸一遍，定型即可。

记忆中，坐落于开明街口的老字号“梅龙镇”，偶尔会有油氽麻球出售，一个个摆在玻璃橱窗里，卖相诱人。但戴着一副卫生袖套的阿姨却是爱理不理的，国营店的风范，就是这副腔调。好在物美价廉，缺少油水的年代，一口气吃过两只后，也不会觉得腻味。

前两天，经过鼓楼沿，在中心菜场门口的中间一排店铺里，又见到炸糖糕、麻球的身影，个头不似早前的粗壮，显得袖珍。买来一尝，还是那个宁波老味道，糖糕香甜可口，麻球还是猪油芝麻馅，一咬直冒油。鼻子、舌头和胃，又被牵扯到时光的一隅，久违的幸福感，在口腔中洋溢。

苔生片与洋钱饼

讲到宁波人的待客之道，客人落座后，先是递茶，随后进茶点。即便普通人家，也多是选上好的绿茶，配上一个果盘或几个瓷碟，其中必有苔生片、洋钱饼、云片糕之类的茶食。北方人讲究实惠，宁波人则讲究精细，小食点心，无不做得异乎寻常的精美，所谓“少食多滋味”，量不在多，点到为止，却让食客永远存着一点对美食的回味，意犹未尽。

“宁波南货六大家，大同大有董生阳，方怡和与昇阳泰，还有江东怡泰祥。”上了年纪的老人，还依稀记得这几句曾在坊间广为传唱的民谚。老底子的南货糕点六大家，一大半已消失，唯“赵大有”和“昇阳泰”还留存于世，“赵大有”的苔菜月饼、水晶油包，“昇阳泰”的苔生片、洋钱饼都闻名遐迩。

宁式糕点选料考究，加工精细，造型别致，以酥为主，甜中带咸，咸里透鲜。宁波沿海滩涂盛产苔条，色泽翠绿的苔条带有特殊的香气，用它做糕点，是宁波人的独创。加入海苔烘出的糕点，色香味更为独特，可与苏式、广式等糕点相媲美。在宁波，添加苔菜的糕点有苔生片、苔菜千层饼、苔菜月饼、苔菜油赞子等20余种。

可以说，“苔生片”是宁式片糕的代表品种。不少片糕生产季节性较强，而苔生片却可长年生产，历经搓粉、炖糕、蒸糕、发片、烘烤等五个工序，糙米黄带浅绿色，嵌有白色花生仁。口感松脆，入口一嚼，苔生片透着苔菜清香和花生仁香味，不僵，不粘牙，作为待客茶食，代表甬城地方风味。

“洋钱饼”这种小点心，也是宁波传统糕点之一，清朝中叶已有

生产，形如银圆，片薄，故曰“洋钱饼”。它入口香甜，火候到位而烘得尤为松脆，一层芝麻紧紧镶在皮面上，芝麻清香味特别突出，是宁波人待客的经典茶食之一。

事实上，宁波糕点在过去的影响力也不小，曾是全国糕点十二大派系之一。苏州老字号“叶受和”“黄天源”糕团店，均为宁波慈溪人氏所创，“叶受和”“黄天源”能与“稻香村”比肩，原因是其糕点中有宁式糕点的烙印，对苏式糕点的发展具有深远的影响。

周作人在《北京的茶食》里写道：“我们看夕阳，看秋河，看花，听雨，闻香，喝不求解渴的酒，吃不求饱的点心，都是生活上必要的……”真正好吃的糕点往往千姿百态，一代一代地流传下去。回想我幼时，在炭炉飘散着薄蔼般青烟的堂屋里，看大人们端一盏绿茶聊天，心里却惦记着桌上的洋钱饼和苔生片。大人们总会看破我的心思，抓几块递给我，温柔地摸摸我的头……

乡土之味

饮食之味，宁波各地有异，自有所长。『莫笑农家腊酒浑，丰年留客足鸡豚』。乡野风味天然淳朴，虽无齐整外形，或无精致包装，也难登大雅之堂，但味蕾一旦触碰浓郁的乡土老味儿，就足以让你唏嘘，让你感动、让你甜蜜，让走出故乡的游子，认得回家的路。

四百多年前，明朝出了位大旅行家——徐霞客，此人少负奇志，一肩行囊，遍历东南山水。时为公元1613年农历三月三十日，"云散日朗，人意山光，俱有喜态"，徐霞客出宁海西门，迎着明媚春光，开始了他一生中第一次远游。

斗转星移，令这位旅行家没想到的是，四百多年后，宁海县自2001年起，每年举办"中国徐霞客开游节"，还倡议将5月19日设为"中国旅游日"（国务院于2011年批准这一倡议）。宁海人据徐霞客携麦饼上路的典故，将本不起眼的麦饼冠名为"霞客饼"。麦饼沾了徐霞客的名气，名声也越来越大。

麦饼是宁海一种独具风味的小食，在宁海西路一带，桑洲、前童、岔路、黄坛各地皆有分布，做法雷同，但风格迥异，宁海本地人统称其为“上路麦饼”。过岵岫岭往北，又是一种风味，小而透明的麦饼，透着一股韧劲，没有一副好牙齿是对付不了的。

谈及宁海的麦饼，不能不提到桑洲。桑洲镇位于宁海县西南部，东邻三门县，西近天台县，北连岔路，南接前童。镇内多山地与梯田，除却一望无际的茶园，当地农民因地制宜，世代于旱地种麦，这片区域是江南少有的集中种植小麦的地方。小麦的诞生，使得人们的想象力驰骋，宁海的面食点心，逐渐闻名浙东。山地小麦，具有高筋、高韧的特点，是擂麦饼的最佳原料。

桑洲镇内有老街，天刚放亮，赶集的人群从三门、天台、隔岭、前童等地聚拢来。那鲜活的溪鱼、卤水豆腐、活鸡活鸭一路沿街排开，喧闹和繁华不言而喻。自然也少不了擂麦饼的小摊。路边摆起柴油桶改造成的灶台，上面搁一面平底铁锅，区区几样简陋的工具，女人将麦饼擀得飞快，如文人挥毫、武士要剑般得心应手，风过处，一丝淡淡的麦饼香味弥漫在空气里。

桑洲地接三门县，制馅与各处不同，乃选用雪里蕻咸齑、肉丝、卤水豆腐、带豆、虾皮、鸡蛋等混炒而成。取本地麦粉兑水，反复揉搓，然后饧上几十分钟，再搓上一阵，一直揉到粉团光亮结实、柔软无气泡才算完成。面团摘成等分的剂子，包上馅料，擀成薄饼放入平底锅，灶膛里添柴火，用手抵着麦饼在锅中来回旋转。

“头遍早，二遍老”，是烙制麦饼的生动概括。麦饼放入锅内翻面后，要让它烙得时间长一点，灶口添一把松毛柴，红红的灶火三闪两闪时，锅内起青烟，如此翻上三四遍，要不了几分钟麦饼就熟了。馅料丰富的桑洲麦饼足有半斤多重，料丰馅实，嚼劲十足。

每逢年节，贵客登门，或是毛脚女婿刚上门，热情好客的宁海人大多会擂上几个麦饼招待，让你一直吃到打饱嗝。走在村庄的小巷里，不时会闻到从农家石屋中飘出的淡淡香味。前童、岔路一带的麦饼也很有特色，其馅作单，并不作混炒。或肉，或蛋，或虾皮，或芝麻，或苔条。要咸可咸，要甜可甜。

前童、岔路一带的虾皮麦饼，名气很大。面团中裹入晒干的虾皮、小葱末和猪油，越擂越薄，紧贴着热锅烙出来，均匀地布着焦斑，足有脸盆那么大，厚度仅约半厘米，海陆鲜汇，让人回味无穷。

吃法最不可思议的，当属黄坛人的麦饼。当地人取腌透的红钳蟹裹在麦饼里，想来都觉惊诧，那浑身是壳、长大钳子的生螃蟹如何能咬下？而黄坛人，上至耄耋，下至三岁孩童却都吃得津津有味，吃出了黄坛人的气势和骄傲，大概那背山面海、西晋古邑的硬骨气，也是这样吃出来的。

被鲁迅先生誉为“具有台州式硬气”的宁海人，一代代嚼着麦饼长大。山瘦水寒的上路，漫山皆是旱地，传说此地出产十八种麦饼！那一张张麦饼，徐霞客吃过，方孝孺吃过，柔石也吃过，他们胸中的豪气，也如吃麦饼形成的肌肉疙瘩一般强硬，嚼着麦饼升腾出翻天覆地的英雄气概！

一方水土养一方人，麦饼始于何时、由谁发明已无须考证，男人出远门、做工、经商、求学读书，妻子或母亲都会起个大早，擂上几个麦饼。半路上，人们把麦饼塞进腮帮子的同时，也把笑傲江湖、志在四方的豪气装进了心肺。

时过境迁，此消彼长。麦饼传递着友情、亲情、乡情，如同一种故乡的语言，凝结了人们与这块土地千丝万缕的联系，撕一块填入嘴中，慢慢嚼，细细品味，腮帮子鼓起后，或许你也会渐入佳境。

奉化有个莼湖镇，靠山面海，是自然与人文渊薮。浙东名儒全祖望，素负民族气节，慷慨激昂，不畏强御，在雍正、乾隆严酷统治，文网日密、文字狱不断发生的条件下，勇敢地写作宋末和南明志士的历史，著作编为《鲒埼亭集》，是新浙东学派的代表人物，而古村鲒埼正处在莼湖镇内；清代著名布衣史学大家万斯同，也时常流连于莼湖，在此地著书立说，最后葬于莼湖岙。莼湖历来是浙东历史文化重镇，儒学传承已有数百年积淀。

莼湖，作为历史上著名的文化古镇，物产也丰盈，尤以带壳类海鲜出名，众多海鲜品中又首推“奉蚶”。奉蚶体小壳薄、肉肥血多、味道鲜美、营养丰富，在唐朝时已被列为贡品。“浙菜”里的一道“奉化摇蚶”名震全国。

莼湖的牡蛎，也久负盛名。“热老酒冷牡蛎”是一对精妙绝伦的搭配，这门道，为许多宁波老饕所深谙。这种生吃的壳类小海鲜，蘸点酱油，就鲜得满口生津。莼湖出产的牡蛎丰腴肥美，且产量不小，此地已被评为“中国牡蛎之乡”。

除却奉蚶和牡蛎，在莼湖的渔村有一道特殊的风味小吃，那就是米豆腐。莼湖米豆腐并非《芙蓉镇》中的米豆腐。“胡玉音”所卖的湖南米豆腐，多是漂浮于塑料桶内，见客人点吃，摊主用勺子捞起些许，在锅内煮开，盛到碗里加辣椒、葱花、几粒黄豆便端给你，除满口的麻辣之外，用料太简陋了。

而莼湖米豆腐有小白虾、木耳丝、鸡丝、肉丝、蛋丝、冬笋丝、香菇丝、牡蛎肉辅佐，实在是爽滑、鲜嫩，生津开胃啊！相比《芙蓉镇》

中的米豆腐，那一碗色彩鲜艳、香气扑鼻的莼湖米豆腐端上来，天生就有股“王侯将相”的霸气，令人垂涎欲滴，一尝更是鲜得要吞下舌头了！

农历腊月二十刚过，莼湖一带的家家户户就忙着做米豆腐了。做米豆腐的主料是籼米，须淘洗干净后在清水中浸泡一夜，然后将其置于石磨中磨成水粉。推磨须壮劳力，一般是男推磨女添米，那场景活脱脱一幅“双推磨”风情画。

籼米磨粉后，接下来是上锅煮粉。将水粉倒入锅内，灶膛里起文火，为防止烧焦“注底”，还须用米杖在锅内不停地朝一个方向搅动。稍过片刻，米糊越来越稠，直到表面大冒气泡，杖底不粘米糊才算熟透，即可出锅。此时，那搅米糊的人已是累得上气不接下气，作汗流浃背状。紧接着将熟米糊倒入团箕中，用打湿的纱布将米糊覆盖，上压一块大石头，逐渐压成一块巨饼，冷却后用刀切成小方块，这就是呈豆腐状的“生坯”了。

一方水土一方人。莼湖海鲜丰富，米豆腐自然带有一股天然的海洋味道。春节前后，家家户户都以米豆腐招待宾客，它的煮法简单，但取料丰富，讲究新鲜。它一般用鸡汤做底，锅内汤沸腾后，放入切成条状的米豆腐，再依次加入虾仁、黑木耳、鸡丝、肉丝、蛋丝、冬笋丝、香菇丝，出锅前添入牡蛎肉，撒上葱花，浇上一勺熟猪油就可上桌了。

如今的海鲜米豆腐，已是莼湖宴席上的开门菜，以其色泽鲜嫩、回味绵长而独树一帜，成为莼湖特色小吃的代表。正因为它的制作工艺和烹饪手法独具地方特色，在2010年，莼湖米豆腐被列入宁波市非物质文化遗产名录。它并没有随着时间的推移，而退出人们的生活，相反，不少宁波城里人也会驱车专程去莼湖，只为尝一尝那米豆腐的古早味。

敲骨浆

鄞州的瞻岐镇，地处海滨，当地人靠海吃海，以出产和烹饪“涨网”小海鲜出名。当地有一碗“鮸鱼脑羹”，是绝对叫得响的宁波传统名菜，甬上俗语有云：“吃之鮸鱼脑，宁可勿要廿亩稻。”虽有些夸张，但吃上一口，绝对是要竖起大拇指的。

除了“鮸鱼脑羹”，瞻岐还有一道“敲骨浆”，听起来土得掉渣，但年过半百的老宁波城区人，也未必尝过。而在当地，无论红白喜事，请客待亲，这道敲骨浆却是必备菜肴，那浓郁绵长的乡土风味，已经延续多年。

古老的“敲骨浆”，究竟是怎样的一道菜呢？据说，创制这道菜的人，是一位瞻岐当地的厨工。早年，当地因为交通闭塞，物资交换不便，平日里，百姓生活较为贫苦，若办红白喜事，一般都要大吃

大喝、热闹三天。三天后，客人走光，帮厨、帮工们还要收拾桌椅板凳、清洗锅碗瓢盆，一到饭点，大家就围坐一桌，吃起了头两天剩下的"续落羹头"。早先时候，生活不易，那些酒宴上剔剩的骨头，大家都觉得扔掉太可惜了。

有位厨工就想了一招：把闲散的剩骨碎肉收集起来，洗干净后敲碎，重开油锅炸过，捞出沥干油，放进一个大陶罐里，然后煨进炭火正旺的火缸里，在火缸里煨一整夜，第二天骨头已煨至酥软，一触即化。最后用旱米粉勾芡，淋上麻油，作为"续落羹头"的一道"大菜"，敲骨浆由此诞生。

敲骨浆的"敲"字，宁波方言读成"kāo"。选取上好的猪腚骨，一定要用榔头敲碎，而不可用刀斩碎，否则风味尽失，也无"敲骨浆”一说了。敲骨浆重油，制作过程中必经“三油”，故而满口盈香。“第一油”是指，锅中放油，将猪骨过油炸脆后，添水煨烂，直至骨头一敲即碎；“第二油”是指，把煨烂的骨头倒入热锅中，浇上油，加入炒米粉和调料，拿筷子均匀地搅拌；“第三油”就是在敲骨浆搅匀、舀入盘中后，再浇上一圈麻油以提香、添亮，兼具保温。历经“三油”后，才可称正宗地道的敲骨浆。

宁波人以米饭为主食，所以家常菜馔里少不了“汤”“羹”“浆”与“糊辣”。“汤”与“羹”，在全国各地菜肴里很寻常，形式不一，唯独“浆”与“糊辣”就是地道的宁波特色了。敲骨浆，属于“糊辣”特色，它细腻黏滑，入口即化。上至七八十岁掉了牙的老人，下至几个月大的婴孩都能吃。那份舌尖上温润的油滑，那份口腔中浓郁的浓香，一直绵延不断，但还不能一口全部咽下。倘若吃得不小心，还会被烫伤。

按瞻岐本地行家的说法，起浆时一定要用早稻米，米粉不能磨得太细，最好是炒过的，如此会更香。近年来，瞻岐一带的饭店都推出敲骨浆作为招牌菜，远近食客趋之若鹜，还有不少宁波市区的，也专程驱车去瞻岐的合岙等地，只为品尝正宗敲骨浆。

萝卜团与红头团

象山县濒临东海，岛屿众多、海岸线长，是我国著名渔乡和渔港。《舌尖上的中国Ⅱ》第五集《相逢》拍摄了渔民张士忠的故事，大篇幅讲述了象山的各类海鲜。许多宁波老饕，周末驱车去象山吃海鲜是顺理成章的事。

象山本土作家赖赛飞女士的《吃在象山》一文，生动叙述了各类海鲜鱼面，读了让人口水直流。除了海鲜，象山还有风味独特、古朴的地方小吃，比如那萝卜团与红头团，也是象山的老味道。

不去象山，还真不知世上有萝卜团与红头团这两种食物。旧时，每逢婚丧嫁娶、谢年祭祖等，象山人家家都要蒸上几笼屉萝卜团与红头团，大菜上过之后，主人会端出一道由萝卜团和红头团组合而成的点心拼盘，一甜一咸，让客人各取所需。每个象山人都是

吃着萝卜团与红头团长大的，身处异乡的象山人，或多或少都有这样的记忆。

萝卜团是清清爽爽的素馅，极少放肉类，偶尔略添海鲜，配方独具地方特色。象山本地萝卜个头不大，与外地的相比，它少了一分辛辣，多了一分软糯甜口。它脆而多汁，甘甜生津，仿佛被海风吹过，又秉承了象山的地气。

每逢秋冬，本土萝卜大量上市。霜降后的萝卜除去了青涩味，这是一年当中制作萝卜团的最佳时节。把萝卜细细切丝，焯水后捞出，挤干多余水分；把刚刨出的冬笋，焯水后切成小丁；香干、葱、姜切末备用。大火起灶头，锅内下几勺猪油，微微起烟后，将葱、姜末放入锅里煸出香味，放入萝卜丝、冬笋丁、鲜蛎黄等配料，加料

酒、盐炒，切忌添酱油，炒的时间不能太久，馅子盛出备用。

糯米和粳米按三七比例，倒入石磨盘中干磨取粉，然后用热水烫粉，揉成一个个小剂子。摊平后，加入馅子，揉搓成团，个别人家还保留用模子印团的传统。上笼屉蒸 15 分钟左右，打开笼盖，一个个白腻如玉、色泽光亮，香气扑鼻，盛出装盘即可上桌了。

红头团和萝卜团一样，也是象山著名的民间小吃，拌馅、揉粉、包馅、成形、笼蒸五个环节缺一不可。与萝卜团相比，它外面裹着一层糯米，好比穿了一层“蓑衣”，最是那头上的一点红，实在诱人。红头团外皮也是糯米粉和粳米粉做成，馅子却是甜糯的红豆沙，因为加了猪油，入口嫩滑，加入少许糖桂花后，甜而不腻，既有豆沙的沙软，又有淡淡的桂花香。

逢年过节，老一辈的象山人会做上几锅热腾腾的萝卜团，等待身在异地的儿女回家过节；即使不亲手做，也要去糕团店，定上几笼给儿女捎回去。入秋后，象山的许多菜场里也有萝卜团出售。那古朴的萝卜团与红头团，两种简单朴实的美味，是象山人乡情所系。

明嘉靖年间，日本“倭寇”大肆侵扰我国东南沿海，侵犯宁海南境。当时驻防浙江的总兵——戚继光，曾亲率主力，在宁海“东白峤”一带日夜指挥追剿。

彼时为正月新春，朔风凛冽，“戚家军”遵守“冻死不拆屋，饿死不掳掠”的军纪，肚饥人困。当地村民感念众将士英勇抗倭却衣食无着，纷纷拿出不多的杂粮、菜、肉，混在一起，煮成羹糊，凑集百家餾，送去前方，供戚家军充饥取暖。

将士们喝完百家餾，士气大增，在戚继光带领下，一鼓作气，击退倭寇。那一夜，恰好是正月十四。宁海当地自古有民谚流传：“卅年夜的鼓，十四夜的肚”，生动形象地还原了当夜“戚家军”吃餾的场面。自此，正月吃百家餾的习俗开始盛行，年年相传，延续至今。

馏，仿佛与宁海有不解之缘。在宁海的风俗中，吃馏也是一大亮点，正月吃馏的习俗，在宁海各地可谓“你方唱罢我登场”。宁海的东岙一带，吃“正月十四夜”馏；在一市镇的前岙，人们吃“正月二十”馏，农历二月二“龙抬头”，前童古镇一带人们争相吃玉米馏（当地人叫苞芦馏）。真可谓品种繁多，百家百味，百馏争奇！

馏，是流行于宁海、三门等地的一种农家小吃，既能当菜下饭，又能作主食，分咸、甜两种口味。咸馏的材料丰富，光海鲜就有牡蛎、蛏子、花蛤、螺、对虾、望潮等，山珍有笋片、蘑菇等物，还有芥菜、咸菜、香干、豆腐、葱等佐料。把它们剁碎，先在锅里炒好肉丝，下入馅料煮熟后，用山粉勾芡起浆，烧开呈糊状，就是咸馏。甜馏较简单，一般是取苹果、橘子等水果熬煮而成，也别具风味。

一到吃馏的日子，村子里几乎灯火通明，人头攒动，馏让各地“人客”慕名而来。无论你是谁，无论你来自何方，只要这一天来到村中，村民都会极其热情地招呼你吃一碗馏。村民都以家里来吃的陌生人客多为荣，家家户户的巧妇们在灶头添火，或用力挥动勺子搅动满锅的馏，个个红光满面，神情亢奋，极像满怀豪情的掌舵老大。

鞭炮、烟花，此起彼伏地在夜空中闪亮，村民备好自家的馏，只要有陌生客人近前来，就盛一碗递过去，客套和礼仪已是多余，来客也不忸怩，都会毫不客气地捧了就吃，或站着，或蹲着，不用勺子，嘴沿着碗边一口一口地吞咽。村中孩童们则拿着碗，到当年娶新媳妇的家庭，尝碗媳妇馏，讨个吉利彩头。那万人齐享、热气腾腾的场景，俨然当年“戚家军”被村民们拥围吃馏场景的再现，好似打过胜仗归来一般。

梁弄大糕

余姚的梁弄，是浙东历史文化古镇。镇内有“五桂楼”“白水冲”“宋墓石雕”“马蹄形街”等古迹。在中国诗歌史上，它还是浙东“唐诗之路”的重要驿站。李白、贺知章、皮日休等文人骚客在此一路吟咏，留下了许多壮丽的诗篇。

古镇的自然与人文，相得益彰。勤劳聪明的梁弄人民，还独创了“大糕”，至少也有好几百年的历史了。这种民间的“草根美食”，是余姚非物质文化遗产中的经典之作，蕴涵着梁弄人的智慧。

梁弄大（方言音 duó）糕，周边人也称“软糕”“方糕”，其制作精良，工艺独到，因味香粉糯、甜而不腻、老少咸宜而赢得了口碑。制作大糕，全靠手工技艺，乃是梁弄古镇的独创。主要材料为豇豆、粳米、糯米、糖、青箬叶等，经过制筛粉、雕空、制馅、盖粉、加印、切

糕、上蒸七大工序，一气呵成。

先是将七分粳米三分糯米浸泡后磨粉，豇豆蒸熟后加糖捣成半流质的豆沙馅，把拌好的米粉拿筛子筛到大糕木框里，在各个框内加入豆馅后，轻撒米粉，盖住豆沙馅后刮平。在木刻的“印花模子”上抹一层红粉，放在大糕木框上用小锤子“咚咚咚”地敲上几下，印上“福禄寿禧”“春夏秋冬”等吉祥红字。脱框后将大糕上锅蒸上一刻钟，出笼后放青箬叶垫底，掀开翻布，大糕就可出笼了。

曾几何时，几块梁弄大糕，乃是农忙时节田间地头的“高档”点心。碰到家中建屋上梁，主人都会定做几箱大糕分给工匠和乡邻。端午时节，大糕的定做生意特别“红火”。梁弄镇附近的“毛脚女婿”，都会挑几箱大糕到丈母娘家去，连同黄鱼、烟酒等礼品一并送上。这自古是当地的风俗，一直延续至今。据了解，“梁弄阿桥大糕”在2012年被列入宁波市非物质文化遗产名录。

2012年，宁波的南塘老街修葺一新，“南门三市”沉睡百年后苏醒，梁弄大糕也走出余姚，来到了宁波，2元一块，供不应求。依旧是现做现卖，依旧是那淳朴的模样，依旧是绵长细腻的口感，依旧带着那黏稠的草根气息。

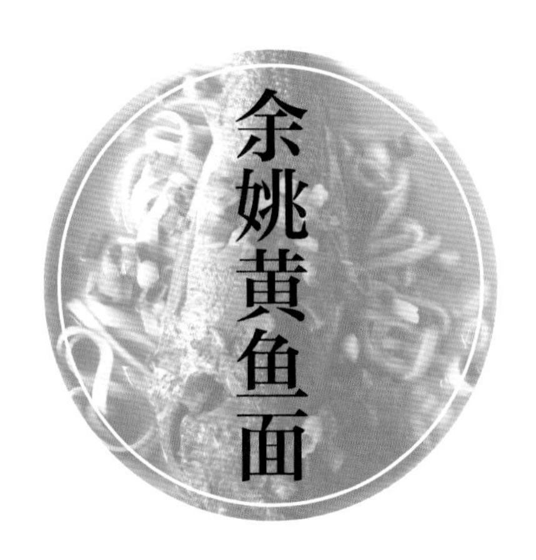

余姚黄鱼面

在众多海鲜之中，宁波人最偏爱的，可能还是黄鱼！东海大黄鱼，影响着宁波人的日常饮食，无论清蒸、红烧、油炸、放汤，都能做得入味。甬上十大传统名菜中，以黄鱼入馔的几乎占了半壁江山，一道“雪里蕻咸齑大汤黄鱼”，就是甬菜的代表。东海黄鱼的地位，在宁波人的心目中，始终是不可动摇的。

黄鱼和余姚的结缘，起源于一碗面条。余姚历史悠久，河姆渡文化源远流长。它南连峰峦叠翠的四明山，中部有一条姚江蜿蜒自西向东流。此地水草丰盈，物阜民丰，不乏山珍河鲜。余姚虽不靠海，不出产黄鱼，但余姚人不经意间造就的一碗“黄鱼面”，名震浙东，逐渐形成具有余姚特色的面食。

早在上世纪 50 年代，野生黄鱼来源丰富，且物美价廉，余姚舜

余姚黃魚麵館
172
营业中

江楼旁的“三阳酒家”有位姓王的名厨，试着把新鲜黄鱼和面同烧，结果鱼香扑鼻，肉嫩面滑，汤浓味醇，宾客食后回味无穷，赞不绝口，大获好评。此后，余姚各处的酒家、饭店纷纷效仿，余姚黄鱼面的做法也就渐渐传开了，并声名远播。

烧一碗地道的余姚黄鱼面，黄鱼的选料须上乘。以腮红、鱼鳞贴身、通体锃亮、无破损为上品，一条三两左右最适宜。选此黄鱼烧面，卖相与口味俱佳。先是将黄鱼洗净入锅，过沸油酥炸后捞出，加生姜丝、酱油、料酒、清水小火慢炖，水要没过鱼身，直到炖出浓汤时，下入手工的碱水面，小火焖煮片刻，出锅前撒入碎葱花。鱼酥、汤稠、面滑，三者完美结合，造就了一道独特的海鲜面点。

如今，野生黄鱼已是稀罕之物，老食客们聚在一起，谈论的话题少不了“哪里的黄鱼面最好吃”。若想打听吃黄鱼面的去处，他们都会如数家珍：喏，余姚太平洋酒店边上的“鲜得来”、长安路的“松兰”、健康路的“阿玉面馆”、东旱门路的“黄鱼面馆”、北滨江路的“何记”，三六九等，各具特色。现今吃一碗野生黄鱼面，价格不菲，动辄上百，并不便宜。但对余姚人来说，它却是舌尖难以割舍的传统美食。

2012年，宁波南塘老街穿越百年，新生于世人面前。一块“余姚黄鱼面馆”的鎏金招牌，也进入了宁波百姓的视野，很快便声名鹊起。它味漫南塘河，逐渐征服甬城人民的味觉，在这条百年老街上，缓缓演绎着记忆里熟稔的东海味道。

石浦鱼糍面

2012 年 12 月 29 日凌晨，象山港大桥全线通车，宁波市区与象山的车程由 2 小时变为 40 分钟。一桥飞架南北，海港变通途。随着交通的便利，宁波人去象山旅游的与日俱增，很多游客是奔着石浦吃海鲜去的。

象山石浦镇，是“中国渔村”和“渔港古城”，渔业资源丰富，享有“海鲜王国”之誉。去石浦吃海鲜，别忘了尝尝鱼糍面！它色泽清白，嫩滑爽口，是石浦人招待贵客的上等佳肴，也是象山的特色代表小吃之一。

鱼糍面，外地人误以为是一碗用海鲜烧的面条，实则不然。它彻头彻尾不见面粉的踪影，全用鱼肉敲成。做鱼糍面的主要原料是鲜鱼和淀粉，鱼类以马鲛鱼为佳，海鳗、带鱼次之。淀粉是用象

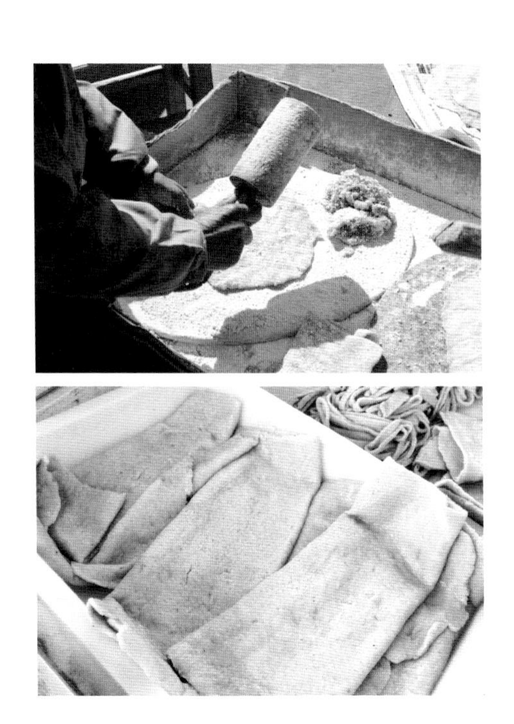

山本土番薯，经过洗、刨、晒、磨等工序取之，韧性与口感俱佳。

马鲛鱼肉厚、刺少，最适宜做鱼糍面。取2斤重新鲜马鲛鱼一条，剔除内脏洗净后去头斩尾，居中沿刺剖开，再用刀层层刮来，约得鱼肉1斤左右。放在砧板上，加少许盐和味精用刀背敲击后呈鱼糜状；在一块表面光滑的菜板上撒层淀粉，将鱼肉揉成小圆球，粘上淀粉后放在菜板上，用圆柱形的木棍压一压，开始时轻轻地边敲边转、边撒淀粉，直至面匀形圆后，不断地重敲。随着木棍不断地滚动，鱼片面积渐渐增大。接着，将大小、厚薄均等的鱼片，放入沸水锅氽一下，或在蒸笼里蒸过后切成细丝，即成鱼面丝。

鱼糍面的配料尤为重要，有不可夺其味的讲究。常用的配料有象山本地黄芽菜、肉丝、笋丝、香菇、胡萝卜丝，也可加些绿豆芽、黄花菜等。配料都要切成丝，用量基本相等，主料鱼面略多一点。备适量淀粉和葱花。

烧正宗的鱼糍面，石浦老乡选用猪油。猪油烧出的鱼糍面香气扑鼻，锃亮滑嫩。先放猪油爆葱头，将配料炒到六七成熟，下盐、酒等调料，再放入鱼糍面炒均匀，加入适量的水，加盖焖煮。烧到不干不稀，撒上葱花，即可出锅装盆。浇上香油，撒点胡椒面或鲜辣粉，一道鲜美可口的鱼糍面就可上桌了。

捞一口入嘴，顿觉鲜嫩脆爽，似面非面，似鱼非鱼，最后喝口浓缩精华的汤，几乎没有鱼腥味儿，快哉！

前童三宝

前童古镇，始建于宋末，位于宁海县西南，是一个风光绮丽、文化积淀深厚的江南名镇。此处山清水秀、人杰地灵，古树、神泉、明山、秀水，遍布前童古镇的各个角落。

明初，以“台州式的硬气”著称的方孝孺，曾两次来这里讲学授教，当他被燕王朱棣株连十族时，前童的门生也因此罹难。小小的村子，绵延七百余年的童姓旺族，其经历却并不平凡，每到关键时刻，往往与中国历史的进程紧密关联。

一踏进前童古镇，第一印象就是小巷、小桥、流水、人家。路边有幽碧的淌水，身旁是青砖墨瓦，脚下是嵌图古道，古韵浓重，活色生香，美轮美奂。卵石铺路、白饰粉墙与石刻窗花，伴一湾清水，幽静而雅洁。可谓“苔痕上阶绿，草色入帘青”，是欣赏浙东民俗文化

的好去处。

除却丰富的人文环境，前童镇内还有“三宝”，即石磨豆腐、油炸空心腐和古镇香干，各有各的美味。许多人喜欢豆腐，大概是喜欢那种朴素、清新的口感。前童所产黄豆与别处不同，豆粒儿特别小，用来磨浆十分适宜，加上洁净的水源和精致的工艺，把寻常豆腐做出了名气。

为啥“前童三宝”名气这么大？究其原因，大致有三：一是“六月豆，选料精”。因前童地处白溪与梁皇溪交汇处，四周群山围绕，适宜种黄豆，高山出产的“六月豆”做豆腐特别好。二是“土办法，工艺精”。前童三宝完全按照传统的民间工艺手工制作，豆浆用盐卤点过后，自然沥干，保持传统的原味。第三点就是“生态好，水源清”。前童的水来自白溪、梁皇溪，又经地下过滤，特别清澈鲜甜，因为有丰富的好水源，做出的豆腐质量上乘，吃起来没有豆腥气。

石磨老豆腐，最家常的做法是略以油煎，蘸酱油吃。由于原料出色，口感就上了几个台阶，吃口白嫩细腻。油炸的空心腐，长圆、鼓形、中空，炸成金黄，趁热咬上一口，薄薄的、酥酥的、香香的，撒上椒盐更好吃。取白菜或菠菜，加上香菇、黑木耳、粉丝与空心腐煮汤，很入味。古镇香干，其口感细腻，喷香柔韧，配菜也是极好的。将“前童三宝”配以高山羊尾笋和自制咸肉炖制而成的“浓汤三宝”，营养丰富，咸香鲜美。

看罢细腻温柔的江南古镇，前童人家已经准备好了丰盛的豆腐宴等着你。毫不夸张地说，前童有着江南最好吃的豆腐，很多游客回去后都对“前童三宝”念念不忘，古镇村民特意作起了“豆腐”文章——每年金秋十月都举行“前童豆腐节”，豆腐“豆娘”现场煎炒烹炸，大显厨技，更有千张、豆腐皮、烟熏豆腐、五香豆腐、豆腐包等诸多品种，单用豆腐就做起一桌色香味俱全的宴席，用来招待八方宾客。

象山海鲜面

一说到象山，宁波人最先联想到的，还是海鲜！象山有海水鱼类 440 多种，光蟹和虾就有 80 多种，还有藻类、贝类等多种海鲜，享有“海鲜王国”的美誉。

赫赫有名的石浦渔港，北连舟山渔场，居大目洋、渔山、猫头洋等主要渔区的中心，历来是东海鱼货交易市场和商贾辐辏之地，现为全国六大中心渔港之一。石浦开渔节过后，大批肥嫩的梭子蟹、晶莹的活皮虾、肉劲十足的大黄鱼，纷纷登上宁波百姓的餐桌，倘若用一早捕捞上来的海鲜，烧一碗热气腾腾的面，定会使人馋涎欲滴。

一碗海鲜面，位列象山特色小吃之首，它在本埠和浙东一带有口皆碑。象山本土作家赖赛飞在散文《吃在象山》中，生动形象

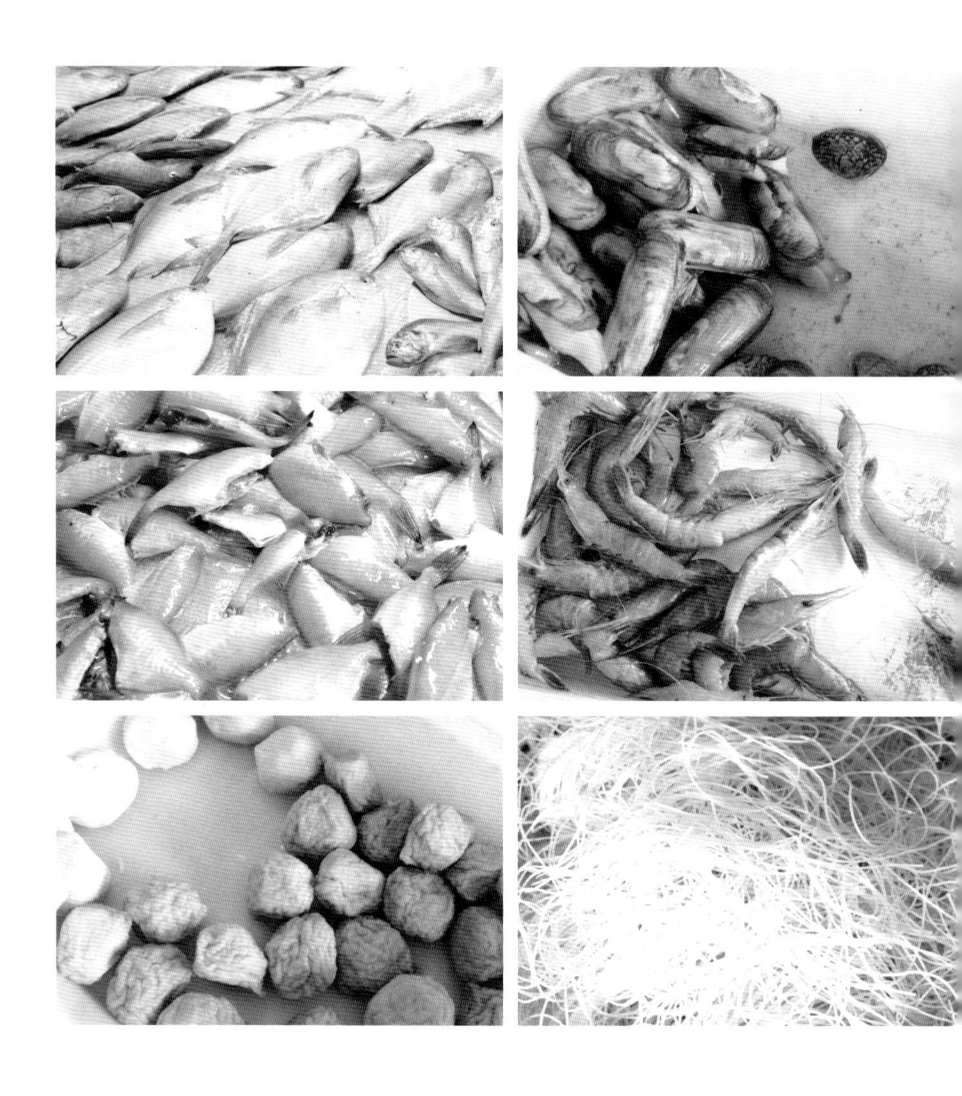

地描绘了象山海鲜面，我叹息自己词穷字乏，只用最直白的一个字——“鲜”来表达。

象山海鲜面的吃法讲究自由搭配，食客据自己口味任意挑选，可以是单纯的鱼面，也可与虾蟹混搭，随着季节变换而不拘泥。小黄鱼、花蛤、小白鲳鱼、虾潺、虾、梭子蟹等都可入面。几乎所有的海鲜浇头都是当天一早捕来，用油爆或白灼的方式来烹制，将食材的全部鲜味都保留了下来。

海鲜面离不开面，海鲜作为浇头，只能锦上添花，面才是主角。正宗的象山海鲜面，多用本地产的米面，麦面太寻常，各处可见，米面方显象山地方风味。面师傅做米面又是一道风景，熟练的面师傅打得一手好浆，晾晒后的米面紧致白亮，烧后韧性足、无异味，用这地道的米面，方能保证象山海鲜面的招牌。倘若米面有酸败味，易糊，哪怕放再多海鲜，都是白白糟蹋。

若是以“金嘴”的标准来衡量，现如今，要吃到象山海鲜面的精品，怕也不易。真正的老行家，都是掰着手指头，算准潮水，不去菜市场，而直奔捕鱼归来的渔船，速速买来近海捕的鱼虾蟹，虽说都是些大不过二指的，但确实是鲜到家的食材。

老饕们嫌弃自家的灶头不够旺，非得交给店家料理。而店家多是在锅内放几勺猪油，烈火烹油，煸炒姜丝葱头，浇上好黄酒，加入海鲜，唯要宽汤，旺火大滚时下米面，锅开后小心盛起，海鲜完整，色泽似无大变。趁热喝汤、吃海鲜、捞面，鱼肉水嫩，入口即化。

那些食客们，不论本土还是外地的，都挤在其貌不扬的门面下。递过几支烟，寒暄之余，终于等来一碗冒着热气的海鲜面，无论是“东大”的还是“胖嫂”的，烧得都很入味，直呼过瘾！

宁海汤包

大年三十除夕夜吃饺子，这是北方人的习俗。过完年，吃汤包，乃是宁海人的做派。

汤包，总会使人联想起淮扬菜里的当家点心，南京、靖江、淮安的蟹黄汤包，闻名遐迩，有一套“轻轻提，慢慢移；先开窗，后喝汤”的成文吃法，食客取吸管一根，吸完鲜美汤汁之后，将薄皮蘸醋食之。未遵此法的外乡人，心急抓而食之，往往汤洒前胸，弄得很狼狈。可见南京一带的汤包，汤汁丰沛，名副其实。

说到宁海的汤包，馅儿几乎是干的，根本见不到什么汤汁儿，更不具备包子的外观，无脐无褶皱，宁海人谓之为“汤包”，实在是让人有些纳闷。较之于著名的蟹黄汤包，宁海汤包更近于馄饨店里卖的蒸馄饨，都是一屉一屉蒸出来，蘸着醋吃。严格意义上说，

汤包与台州小吃一脉相承，宁海吃汤包的多见于“上路”（岔路、黄坦）、“南路”（一市）等地，这些地方比较接近台州的天台与三门。

农历正月十四夜，宁波不少地方是吃汤团的，唯宁海人不吃汤团，只吃汤包。汤包跟其他地方的做法也不一样。

出笼后的汤包，一个个晶莹剔透，里面的馅儿透过皮隐隐地显露，乍看之下真像一个个竖起的大耳朵，又形似一个个装得鼓囊囊的小包袱，仿佛是众多宁海小吃中的一个另类，看着它那婀娜的身姿，顿时让人食欲大增，难怪宁海人对其如此青睐。

汤包若要好吃，功夫在制馅。而汤包最大的特点在于包容性，所有偏爱的食材都可以被包在里面，兼收并蓄。过去物资匮乏的年代，只有雪里蕻加豆腐的菜馅，如今按各人的口味，人们将猪肉、笋丝、韭菜、芥菜、雪里蕻、豆芽、香干、芹菜、虾皮、花生米等十余种材料混合，汤包的口味变得更加丰富。但万变不离其宗，其他馅料可多可少，可有可无，唯有雪里蕻、虾皮和豆腐是必加的，在料里搁点辣椒，更能提味。

由于汤包皮薄易熟，其馅料要剁细先炒熟，再用面皮包裹。裹汤包的面皮，都是正正方方的，市面上有售，自己动手炮制的番薯面皮极少。裹汤包与制作大馄饨的手法如出一辙，将馅儿裹在皮里卷成长条，捏住两端，把两端绾在一起，活像一个个小包袱，完成后再上蒸锅。刚出锅的汤包味道最鲜，它晶莹剔透，甚是可爱，轻咬一口，香味扑鼻，再慢慢咀嚼，肉香、菜香混合虾皮香，停不下口，难怪宁海人也有边做边吃的习惯。

正月十五元宵节后，过年的气氛渐渐转淡，农民准备春耕，手工业者要外出谋生，早起的家人，都会裹几屉汤包、擂几张麦饼，几百年下来，这像是一种仪式，略表对出门在外谋生计者的祝愿，寄托一份祝福。一方水土养一方人，像方孝孺一样硬气的柔石，也和他笔下《为奴隶的母亲》中的春宝娘一样，吃着汤包，想念亲人，虽然这一幕缓缓流逝在历史的风尘中，不变的却是一份浓浓的思乡情。

白沙肉饼子面

慈溪城区有个白沙街道，沿着三北大街往东走，绕过几条小路就是白沙老街，沿街有个破旧的市场，这就是当地人所说的白沙市场，专卖服装边角料之类，边上都是清一色的矮平房，旧旧的黑瓦白墙。

初来乍到，恍若时光倒转，像是回到上世纪六七十年代的光景。第一次去白沙老街，依稀记得是一个春寒料峭的清晨，在当地朋友的带领下，冒着绵密的微雨前行，只为品尝一碗当地赫赫有名的“肉饼子面”。

一路向西，白沙老街上有许多食肆，在白沙市场最东南方向，路快要走到尽头，看见有一间门牌为“市场弄 2 号”的破旧的平房。走进屋内，只见灶上支起一口大锅，热气腾腾，面香扑鼻。锅台边

的案板上有一大堆斩好的肉泥，灶台上整整齐齐地摆着一大箩汤碗，店内顶多五六张圆桌，环境谈不上好，但屋内挤满了食客。客人们话语不多，一概是"呼噜呼噜"的吃面声，这样的场面，在宁波市区很少见。

说到肉饼子面，当地老食客都会连声叫好。很多老食客从大老远的地方赶来，一大清早挤到这间矮平房内，旁若无人地吸着碱水宽面，细嚼慢咽，有条不紊的。我坐在桌前等面，不忘欣赏老板的"表演"，不消几分钟，就看清了它的所有工序。

肉饼子面的制作方法很普通：这碗面以青菜打底，往锅内的沸汤中手工挤入几个肉丸子，趁面未熟的间隙，调制一碗类似老宁波酱油馄饨的汤底，碗内放猪油、酱油、味精，加清汤，待肉饼子、面条、青菜熟透，捞入碗中即可上桌。

一大碗端上桌，一股热气迎面扑来，眼镜上顿时浮起一层白雾。擦拭了眼镜仔细一看：洁白的面条中浮着一个个肉饼子，上面盖着碧绿的青菜。夹起几根碱水面条，有些烫舌头，一时感觉不出味道。先喝一口汤，虽不是高汤，但添加了猪油的汤卤依旧很香，肉饼子的味道很醇厚。咬上一口面，滑溜溜的，韧性十足。桌上依次摆着三种调料：小青辣椒圈、辣酱、油辣椒，舀一勺辣酱浇在面上，直吃得额头微汗，心里连声叫好。

这么简单的工序，似乎也没什么秘诀，连家庭主妇都能上手，但若在家中自己做，虽真材实料，还真吃不出那股味道。非要跑到这矮平房内，经过面老板的巧手，才能成就美味的肉饼子面。这大概就是“白沙老家肉饼子面店”长盛不衰的原因，一开就是几十年。

一碗朴素的肉饼子面，之所以大受欢迎，其中的秘诀在于肉饼子材料新鲜，实实在在，民间的草根气息融入碱水宽面之中。如果想吃肉饼子面，大概只能去白沙老街，还非得走进逼仄的矮平房，且要赶在中午之前，下午和晚上一概打烊关门。或许这就是地域美食的脾性。

宁海番薯面

宁海人有句顺口溜，用宁海土话讲起来，很押韵，朗朗上口的：“长街的蛏，胡陈的桃，越溪的弹涂把舞跳；岔路的饼，茶院的面，一市的白枇杷实在甜。”道尽本地风物。其中“茶院的面”，说的就是宁海番薯面，是用番薯手工制成的粉丝，它经久耐煮，不断条、不浑汤，在整个浙江地区，还是小有名气的。

茶院乡的铜岭脚村、许家山石头村都盛产番薯面，加工番薯面已有几百年的历史了。进入深冬季节，一进山村，就见到每家每户，忙碌着加工番薯面的热闹场景。山民们把刚磨碎的番薯装进一只宽口纱布袋里，舀上水，收紧布袋，挤出洁白的番薯浆，经过过滤、去渣、沉淀、煮熟，晒丝等工序，制成晶莹的番薯粉丝，就是宁海人所说的“番薯面”。看着不起眼，却是代代相传的传统手工艺。加

工番薯粉丝从头至尾全是手工操作，费时又费力。不过，也正是这种纯手工，保证了宁海番薯面的品质和口感。

宁海人烧番薯面，因地域不同，吃法也迥异：靠海的长街明港等地，多与野生鲻鱼、黄鱼等同烧。鲻鱼的生长环境处于淡水与海水交汇处，肉多刺少，与番薯面同煮，吃完鱼，再喝汤捞面，味道纯正，汤鲜入面。山海碰撞出的吃法，讲究就地取材，原汁原味。

许家山有套"农嫁十二碗"，是本地村民嫁女酒宴的主菜，采用放养于山村的猪、羊、鸡、鱼和自产的蔬菜瓜果为原料，烹制成丰盛而朴素的菜肴。其中必定有碗番薯面：那灰色透明的面条，或烧肉，或烹鱼，均得法。几百年来，这碗番薯面，是当地红白喜事节庆宴席上不可缺少的一道菜，具有浓郁的地方特色，营养也丰富。

"农嫁十二碗"中的番薯面，追求材料的精细，多选用岔路五花肉、力洋土鸡蛋、前童香干丝和胡陈东山的黄芽菜。先用油锅煎出完整的鸡蛋饼，捞出备用；再把五花肉丝煸香，加入切细的香干丝爆炒，加入番薯面，舀入高汤煮两分钟；最后将整个蛋饼及本地黄芽菜入锅，出锅前撒入葱花稍加点缀。原料全部为宁海各地特产，各色土菜烩成一碗，搭配鲜艳，味道可口，是一道色、香、味俱全的家常菜。

横河大肉面

横河镇，位于慈溪市南郊。去慈溪摘过杨梅的朋友，都会有印象：横河的地势，北为平原，南为丘陵，既有湖光郁林之美，还有不少人文景观；“荸荠种”杨梅享誉天下，是远近闻名的杨梅之乡。除此之外，当地还有一碗威武霸气的“横河大肉面”，在慈溪一带名声响亮。

慈溪本土的流行面条不多，稍有名气的就数“横河大肉面”了。横河镇上有条“杨梅大道”，沿着杨梅大道一路向北，有一个名叫“洋山岗”的面店，地方虽有些偏僻，但到了饭点，这里会排起闻肉香、咽口水的长队。这是家慈溪特色的面店，店里有许多种类的面食，唯有“大肉面”得到食客的一致好评，多数食客是冲着它而来。一走进店，那股浓浓的肉香味就会飘到鼻尖，店内几乎没有空位子，

桌上大多是清一色的“大肉面”,满满的一大碗,样子果然霸气。

“大肉面”的主角,其实就是一块烧得酥烂的红烧肉,厚实实地压在面上,一身酱红,彰显大气。红烧肉的草根性极强,是坊间巷陌的家常菜。但横河一带做面浇头的红烧肉,真是好吃到家。选用三肥七肉的新鲜猪肉,切成肥瘦相间的大片,投入锅内,走油之后,添加上好的黄酒、老抽、红糖、葱姜、茴香等香料,改用小火慢慢煨。借用苏东坡的烹调经验——“慢著火,少著水,火候足时它自美”。直到瘦肉烧得酥烂肥肉软糯,将其捞出,放入盘中待用。“大肉面”的配料种类也不多,多选用木耳、香菇、笋片、菜心。

横河大肉面的做法不复杂,大肉的品质是关键。先把木耳、香菇用温水泡发,再将宽面条投入沸水,煮熟后捞到碗里。看锅内的油热起烟后,放入葱、姜爆一下香,加木耳,香菇等配料,再把红烧肉倒进去,稍加调味料,添入高汤。等到汤沸腾了以后把笋片、菜心放入汤中,稍稍烧一会儿后,一同舀入盛面的碗里即可上桌享用。

一大碗传说中的“横河大肉面”端上桌,面被肉汤浸泡过,看上去有点“烂”,夹起一缕面条入口,却出乎意料地品味到“酥”和“香”,也比较有嚼劲;表面铺的大块红烧肉,肥得极好看,红红的,颜色看起来就很正,让人感觉食欲十足,果然是味鲜油厚,肉食者欢也。

麦虾汤

麦虾，一道宁海风味小吃，完全是以形取胜，还颇为写意。外地人摸不着门道，觉得有些玄乎，其实，麦虾汤好比北方人所吃的“面疙瘩汤”，高筋面粉起浆，下入沸水后，活脱脱的一只虾仁。这种小吃，在宁海一带随处可见，最早是从台州临海一带传入，亦可做主食。

宁海旱地多、水田少，人们有种植小麦的习惯，所以当地的面食花样纷纭。在宁海县城，街道两旁打着不少麦虾汤招牌。无论是小吃店，还是路边摊，迈进任何一家，点一碗麦虾汤，只管笃笃定定地坐上片刻，手脚麻利的店家，便会从后厨捧出一碗热气腾腾、香气四溢的麦虾汤。

麦虾汤的做法简单，会做面疙瘩的，都能很快上手。将高筋

面粉搅拌成粉浆，搅得粉浆有韧度，以筷子插入其中不倒为准，最后徐徐注入少量水，刚好淹没粉浆，谓之“养浆”。顺盆口倾倒面浆，然后用刀轻轻地一割，流到煮沸的水里，那面条就像一尾尾欢蹦乱跳的小虾在锅里欢快畅游，成形后捞出沥干。这就是“麦虾”的雏形。

几勺猪油烧热后，放一点肉丝，快速翻炒，加入香菇丝、笋干，小火慢慢炖。贪食海鲜者，不妨再下些蛏子或者蛤蜊，以调其鲜味，但不可搁太多，怕的是主次颠倒。拿刀割入面坯，或倒入煮好的“麦虾”，快起锅时，放入活蹦乱跳的小白虾，待白虾变红，抓来几片青菜叶丢入锅内，撒下葱蒜末，即可盛起。

热腾腾的一碗麦虾汤端上来，未进口，香先闻，猪油香气醇厚；

摆上桌，静观其色，汤稠色浓，纯正的暖色面食；看其形状，条条如白虾，或弓背，或舒展，一起挤在青花瓷碗中；吃一口，筋道又滑润。搭上三门湾的小海鲜，一碗麦虾汤，尽得宁海式的繁复讲究。有吃客喜欢加半勺辣酱、半勺醋，那酸辣的滋味，顿然开辟了新境界，着实撩人。

老吃客会发现，麦虾似乎与面疙瘩、刀削面、猫耳朵是近亲，但比面疙瘩多了份精巧，较刀削面多了些心思，汤汤水水的，一碗麦虾道尽了宁海人的心细和周全，山珍和海味全不落下。单是“麦虾”这个称呼，就多了一分雅致，不似疙瘩汤、刀削面，听起来总觉得有些糙耳。

后°记°

我生来就喜欢寻味。孩童时代，放学后生煤球炉时，也不忘煨个番薯、烘块年糕，偶尔心血来潮，拿铁丝串起肉块，撒点盐，烤成肉串吃，每每香气四溢，引得周围邻居驻足啧啧："喔唷，小顽，嘴巴馋痨哦……"

至于那些"油墩子""油赞子""冻米糖""笋脯花生"之类的弄堂食品，我从小乐不知疲，口袋里总是装得鼓鼓的。年节一到，看着各家阳台上纷纷晾出的鳗鲞、酱肉、香肠、风鸡，我往往会驻足观望一番，一想到日后与它们在圆台面上的相逢，唾液会加速分泌，不由得舌底生津、心驰神往了。

的确，我无师自通，生来一副"金嘴"。倒不是有口福吃遍天下美食，而是对吃有一种与生俱来的热爱与挑剔，不仅讲刀功、火候与食材的搭配，还要求个卖相、氛围，因此常常被家人讽以"作"，有时外头尝了时令新菜，回家总要亲自操刀一试，屡屡被点赞。

因为会吃，甬城街巷星罗棋布的餐馆饭店，但凡菜烧得好的，几乎都去过、都尝过，老饕心里藏着一本"宁波美食地图"，如数家珍，孰优孰劣，扳扳手指头，煞煞清爽。因为懂得吃，不知从何时开始，好友聚餐、同事聚会，甚至是婚礼宴席，我常常成为指挥大局的“首席点菜官”。当亲朋好友吃着我点出的一席美味，然后心满意足地离开饭桌，于我来讲，有一种无以言说的成就感。

“四明八百里，物色甲东南”的宁波，有山海之胜、水路之便，故物产迭出，食材丰富，海味尤多。宁波人就地取材，擅长烹制海鲜，讲究原汁原味，注重以咸提鲜，形成鲜咸合一的特色风味，所以很多菜馔、小食具有鲜明的地方特色和生活情趣。除却讲究色香味的传统大菜，那些隐匿于市井之中的家常美味和宁波闲食，也无不精雕细琢、细腻考究，脉脉传递着两宋以来氤氲的甬上饮食文化。

作为一名本土作家，我专注于宁波的风土人情，心驰于非虚构文学的创作。生长于浙东濡湿空气里的“馋痨虫”，从小寻觅甬城美食，却始终未见一本详述宁波味道的“食单”。随着年龄渐长，逐渐萌发了撰写《宁波老味道》的念头，各种源远流长的老味道，如果以文化小品的形式，将它们记录下来，为大众提供一张文化寻根的“食单”，追寻回味绵长的乡愁，唤醒舌尖上的文化之魂，何尝不是风雅一脉、功德一桩？

于是，从2014年初开始，妻子和郑诚兄成为我的摄影师，逢休息日就扛起相机，我们寻找美食的脚步几乎遍布宁波大市范围的每一处市集，孜孜不倦地寻觅各种“老味道”。从秀水街的“大饼夫妇”到箕漕街的“油条哥”，从“朗霞豆浆”到“瞻岐敲骨浆”，每到一处，一份热气腾腾的味道上来，在我们酣畅淋漓的食指大动之后，缓缓道出一段记忆深刻的“宁波往事”，如涓涓细流，润物无声，令人若有所思。一路走来的那些经典美食，那些风土人情，那些风光景致，那些人生感悟，令我终生难忘。

跑遍甬城街头巷尾拍摄宁波美食，而后扑在案头写到深夜，并非得意于发掘珍馐美味，而是感恩上天的慷慨馈赠，铭记一方水土的哺育之恩，追寻喧嚣中渐行渐远的各种老味道。从精美的年糕模板到“鸡毛兑糖”的担子，无不令人缅怀过往的人文情怀；从一块豆酥糖到一碗滚烫的猪油汤团，那些闯荡天南地北的游子们，不管走多远，都会深深怀念宁波的老味道。

77 篇文化小品写到自然回甘，写完后顿觉世间万物美好，我在其中。在这部非虚构文学的创作过程中，八十多高龄的李若容、俞福海老先生给予我热心的指点，唐天健、李丰和孔明珠老师也给了中肯的建议和鼓励……在此衷心感谢给予我各种帮助的朋友们、家人们，使我一路快马加鞭，到达终点。

甬城街巷的市井味和烟火气，宁波人的精明与世故、坚韧与大气，都在《宁波老味道》里若隐若现，我在各种老味道里，慢慢体会到江南的人文与生活情趣。那些脑海深处的美味记忆，至今历历在目，久久不能忘却……

柴隆　于甬上丰华名都寓所

2015 年 9 月

图书在版编目（CIP）数据

宁波老味道 / 柴隆著 . —宁波：宁波出版社，
2016.1（2024.12 重印）

ISBN 978-7-5526-2293-5

Ⅰ . ①宁…　Ⅱ . ①柴…　Ⅲ . ①饮食—文化—宁波市
Ⅳ . ① TS971

中国版本图书馆 CIP 数据核字（2015）第 247203 号

书　　名　宁波老味道
著　　者　柴　隆

出版发行　宁波出版社
（宁波市甬江大道 1 号宁波书城 8 号楼 6 楼　315040）
http://www.nbcbs.com
责任编辑　徐　飞　陈　静
责任校对　罗敏波
责任审读　朱璐艳
装帧设计　金字斋
摄　　影　郑　诚　周　蓉
插　　图　马联飞
印　　刷　宁波白云印刷有限公司
开　　本　889 毫米 ×1194 毫米　1 / 32
印　　张　11
插　　页　4
字　　数　235 千
版　　次　2016 年 1 月第 1 版
印　　次　2024 年 12 月第 5 次印刷
标准书号　ISBN 978-7-5526-2293-5
定　　价　49.80 元